ALLGEMEINE BIOLOGIE

GOETHEANISTISCHE NATURWISSENSCHAFT

Herausgegeben von Wolfgang Schad

Band 1

GOETHEANISTISCHE NATURWISSENSCHAFT

Allgemeine Biologie

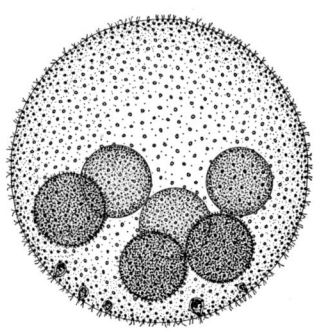

VERLAG FREIES GEISTESLEBEN

CIP-Kurztitelaufnahme der Deutschen Bibliothek

Goetheanistische Naturwissenschaft
Hrsg.: W. Schad. – Stuttgart: Verlag Freies Geistesleben
NE: Schad, Wolfgang [Hrsg.]
Bd. 1. Allgemeine Biologie, 1982.
  ISBN 3-7725-0736-0

Titelvignette: Kugelalge Volvox aureus (Zeichnung H. Streble)

© 1982 Verlag Freies Geistesleben GmbH, Stuttgart
Einband: Walter Krafft
Gesamtherstellung: Greiserdruck, Rastatt

Inhalt

Vorwort

Mit dem hiermit vorgelegten ersten Band zur «Goetheanistischen Naturwissenschaft» werden schon erschienene Arbeiten aus dem Gebiete der Allgemeinen Biologie erneut zugänglich gemacht. Weitere Bände mit Arbeiten zu speziellen Themen – Botanik, Zoologie, Anthropologie – folgen ihm. Sie sind innerhalb der letzten zwanzig Jahre in verschiedenen Zeitschriften veröffentlicht worden. Da immer wieder nach solchen Studien gefragt wird, die ein umfänglicheres und wirklichkeitsnäheres Naturverständnis vermitteln, als es die ausschließlich analytischen Wissenschaftsmethoden liefern können, ist eine solche erste Zusammenfassung wohl angebracht. Sie bildet noch keine Ganzheit. Das Verstreute zusammengehörig lesen und vergleichen zu können, wird jedoch den methodischen Kontext sichtbar werden lassen.

Es waren zu Goethes Lebzeiten nur wenige, die in seiner Wirksamkeit die Keime einer künftigen Weltzuwendung ahnten. 1805 verwendete der schwedische Literat Gustav Brinkmann für diese überpersönliche Wirkung der Goetheschen Weltverbindung als erster das Wort «Goetheanismus», als er brieflich nach Weimar von der Aktivität des Berliner Goethe-Kreises berichtete. Brinkmann sah aber vorerst allein den Poeten, und so blieb dieses Wort unverständlich.

Alexander von Humboldt hatte Wesentliches an Goethes Geistesart bemerkt, als er 1806 ihm von der «Eigentümlichkeit Ihres Geistes . . ., die in Ihnen vollbrachte Vereinigung von Dichtkunst, Philosophie und Naturkunde» schrieb. Die Verwendung aller menschlichen Geistestätigkeiten, ohne daß eine zugunsten einer anderen abstirbt, ist Goethes vorausgreifende Lebensaufgabe gewesen. Die von Alexander von Humboldt und erst recht von seinen Schülern (Liebig, Helmholtz, du Bois-Reymond) ausgehende Naturwissenschaft konnte dafür jedoch wenig tun. Heute stehen wir vor Modellen, die nichts über ihr Objekt aussagen können und wollen, sondern die allein seiner intellektuellen und industriellen Anwendung dienen. Der Mensch hat sich dadurch manches im Leben erleichtern können. Aber er hat damit nicht nur zu seinen Gunsten Konsum, Verkehr und Informationsfluß verstärkt, nicht nur sowohl manche Krankheit besiegt, als auch zugleich neue geschaffen, sondern jetzt wie nie zuvor sich selbst und die gesamte übrige Biosphäre der Erde in akute existentielle Gefährdung gebracht.

Es ist eines der Geschenke von Rudolf Steiner, daß er einen neuen, kongenialen Zugang zu den zentralen Anliegen Goethes gerade auch auf dem Gebiet der Naturwissenschaft freigelegt hat. Schon 1886, in seinem ersten Werk «Grundlinien einer Erkenntnistheorie der Goetheschen Weltanschauung», werden nicht nur Goethes eigene Ansätze zur Wissenschaftstheorie exemplarisch weitergeführt, sondern die Bedeutung derselben gerade für die biologischen Wissenschaften aufgezeigt. Steiner nennt dabei Goethe «den Kepler der Organik», indem seine Metamorphosenlehre dasjenige für das Eigentümliche des Lebendigen leistet, was die Keplerschen Gesetze für die Erkenntnis des räumlichen Kosmos bedeutet haben. Schon 1884 griff Steiner das Wort «Goetheanismus» auf; ab 1915, während des ersten Weltkrieges, verwandte er es vielfach sowohl im künstlerischen wie im wissenschaftlichen Bereich. Seitdem hat es sich zunehmend für den naturwissenschaftlichen Bereich eingebürgert, wenn es darum geht, die Natur nicht ausschließlich reduktionistisch zu denken und daraufhin technologisch auszubeuten, sondern ein solches Verhältnis zwischen Mensch und Natur zu erkunden, in welchem der Mensch die Wahrheitsfrage wieder stellt und erkenntnismäßig und praktisch wieder mit der Natur auszukommen versteht. Etliche Jahrhunderte kommender Kultur- und Wissenschaftsentwicklung werden erforderlich sein, den Goetheanismus zu entwickeln. Von diesem Ziel ist so auch die vorliegende Buchreihe noch entfernt, aber einen Schritt dahin zu machen, das ist von allen Autoren angestrebt.

Es ist ein altes Hindernis gewesen, daß goetheanistisch arbeitende Naturwissenschaftler zumeist im Alleingang gearbeitet haben. Diese Reihe soll auch der erklärte Versuch sein, die über den einzelnen hinausgehende Aufgabe gemeinsam wahrzunehmen. Fast alle Artikel sind dafür von den Verfassern neu überarbeitet und zum Teil untereinander besprochen worden. So ist zu hoffen, daß etwas von dem gegenwärtig Notwendigen geschehen ist.

Im Jahre von Goethes 150. Todestag   *Wolfgang Schad*

WOLFGANG SCHAD

Biologisches Denken

Die biologischen Wissenschaften haben von jeher dem denkenden und forschenden Menschen besondere Probleme gestellt. Es ist das Rätsel des Organismus, der in sich Einheit und Vielfalt, Ganzheit und Vieldeutigkeit, Leben und Physis und viele weitere Paradoxien vereinigt, um doch, trotz aller theoretischen Unmöglichkeit, in den wundervollsten Gestaltungen zu existieren. Das Selbstverständliche und zugleich Rätselhafte des Organismus übt eine tiefe Anziehungskraft auf jeden Menschen aus, um dann, wenn der Mensch zu fragen und zu forschen beginnt, ihm mit den widersprüchlichsten Erscheinungen die Gedanken zu verwirren. Es hat nicht an den verschiedensten Versuchen gefehlt, die lebendige Natur von *einem* Gesichtspunkt her erklären zu wollen. Dennoch gelang es bisher nie, wollte man nicht die Widersprüche verschweigen. Gerade Goethe sah dieses merkwürdige Verhältnis zwischen Natur und Mensch und drückte es immer wieder anders aus (1819):

> Müsset im Naturbetrachten
> Immer eins wie alles achten:
> Nichts ist drinnen, nichts ist draußen;
> Denn was innen, das ist außen.
> So ergreifet ohne Säumnis
> Heilig öffentlich Geheimnis.
>
> Freuet euch des wahren Scheins,
> Euch des ernsten Spieles:
> Kein Lebendiges ist ein Eins,
> Immer ist's ein Vieles.

Was umschrieb Goethe mit solch paradoxen Ausdrücken wie «öffentlich Geheimnis», «wahrer Schein» oder «ernstes Spiel»?

Zunächst sein eigenes Verhältnis zur Natur. Gerade das, was den Naturforscher meist in Verwirrung bringt, wurde von Goethe aus vollem Herzen bejaht: der Organismus als Gefüge sich widersprechender Prozesse, als Paradoxon. Es erschien ihm angemessener, die Welt, so wie sie beschaffen ist, anzuerkennen, als sie zugunsten eines widerspruchsfreien Denkens nur ausschnittweise zu erklären. Ihm war es gerade nicht um das Einhalten eines bestimmten Denkverfahrens zu tun, sondern um das uneingeschränkte Eingehen auf das, was ihm vor Augen lag, das Phänomen. Es gibt keine bessere Charakterisierung von Goethes Forschungsverhältnis zur Natur als seinen bekannten Satz (1829,1): «Man suche nur nichts hinter den Phänomenen; sie selbst sind die Lehre.» Wesentliches hat sich Goethe damit gesichert: sich die Wirklichkeit nie durch ein Denkschema zu ersetzen. Nur so konnte Goethe immer den freien Blick für die Rätselhaftigkeit jedes einzelnen Naturphänomens üben, so konnte er «eins wie alles achten.» Mit tiefer Befriedigung empfand er, immer die ungebrochene Fülle der Natur vor sich sehen zu können.

Ein großer Teil der Biologen vor und nach Goethe versuchte jedoch, die belebte Welt in irgendeiner Weise nur aus einem Gesichtswinkel zu betrachten, um dadurch eine in sich schlüssige Naturansicht zu erreichen. Der Materialist beschränkte sich auf das bloß äußerlich Sinnliche. Der Theist vertrat teleologisch-finale Zweckgedanken eines Schöpfers, der die Lebewesen ähnlich zweckvoll erschuf wie der Techniker seine Maschinen. Diese Einseitigkeiten brachten den Vorteil, widerspruchsfreie, klar überschaubare Gedankengänge ausbilden zu können. Betrachte ich zum Beispiel den Organismus nur als Produkt der in ihm und seiner Umgebung vorhandenen Materie und ihrer chemo-physikalischen Prozesse, so bleiben zwar viele Erscheinungen unerklärbar; diejenigen aber, welche dadurch erklärbar werden, sind dann gedanklich exakt zu formulieren.

Dieser methodische Vorteil veranlaßte die Naturwissenschaft bis heute, sich immer mehr und mehr in dieser Richtung auszubilden. Im gleichen Maß aber erforschte man in der Biologie nicht mehr das Leben in der allgemein gebräuchlichen Bedeutung des Wortes. So schildert beispielsweise Bünning (1952), daß der Begriff des Lebens «in jenem ursprünglichen, uns auch jetzt noch selbstverständlichen Sinne» (S. 22) aus der bestehenden biologischen Forschung ausgeschlossen worden ist, um Kausalanalyse betreiben zu können: «Nachdem wir einmal erkannt haben, was wir unter Leben im physiologischen Sinne verstehen, wird um so klarer, daß jenes wahre Leben, welches schon vor der Zeit der biologischen Forschung bekannt war, von den Biologen überhaupt nicht gemeint ist» (S. 33).

Durch eine solche Vereinfachung des Problems gewinnt man leicht überschaubare, klare Denkmethoden. Der Gewinn an gedanklicher Schärfe ist dabei nicht zu übersehen.

Wir stehen damit vor dem eigentlichen Problem, in welchem sich der Mensch der belebten Natur gegenüber befindet. Entweder erkennt er ihre Totalität als volle Wirklichkeit an, die er auch voll erleben, aber nur fragmentarisch denken kann, oder er erforscht nur das ihm Denkmögliche, ist sich seiner begrenzten Naturansicht bewußt, aber gewinnt dafür innerhalb seines Ausschnittes klare gedankliche Verhältnisse. Es besteht hier gleichsam eine Unschärferelation: Je totaler das Verhältnis zur Wirklichkeit des Lebens, desto schwieriger der Bezug der Natur auf den logischen Gedanken; und umgekehrt: je beschränkter der

10

jeweilige Gesichtswinkel des Forschenden, desto eher ist eine widerspruchslose Theorie möglich. – Wir sehen, daß natürliche Wirklichkeit und menschliches Denkverhalten sich nicht selbst zur Deckung bringen. Welt und Mensch sind nicht das gleiche. Aber sind sie völlig inkongruent? Gibt es für den Menschen keine Möglichkeit, im Einklang mit der Natur zu denken? Oder gezielter gefragt: Ist es möglich, zur Ganzheit des lebenden Organismus ein gedanklich überschaubares und anwendbares Verhältnis zu finden? Hier liegt nun der Ausgangspunkt für die weitere Betrachtung. Sie möchte diese Frage beantworten.

Die Problematik ist vom Menschen natürlich nicht auf dem Felde der Natur, sondern nur in seinem Denken angehbar. Wir müssen also die Formen unseres biologischen Denkens selbst in seinen verschiedenartigen Ausprägungen zum Objekt der weiteren Betrachtung machen. Welche Denkmöglichkeiten finden wir in der Biologie vor?

Es gibt heute zumeist zwei Arten, wie biologische Erscheinungen erklärt werden. Die eine ist die kausale Erklärung. Sie gilt offiziell. Die andere ist die teleologische Erklärung. Sie ist – wenn man einmal darauf achtet – fast ebenso gebräuchlich. Erstere findet sich besonders in der wissenschaftlichen Forschung, letztere mehr im populären Lehrbetrieb. Worin besteht der Erklärungswert bei beiden?

Wenden wir uns zuerst der *kausalen* Erklärungsweise zu. Sie gilt als die einzige exakt wissenschaftliche Denkweise. Ihr Prinzip ist der Kausalnexus. Er besagt, daß jeder beobachtbare Zustand die Wirkung einer Ursache ist und daß jede Ursache oder jeder Ursachenkomplex nur eine Art der Wirkung haben kann. Es sind also alle künftigen Erscheinungen notwendige Wirkungen der gegenwärtigen Ursachen und diese wieder notwendige Wirkungen vergangener Ursachen. Die Erscheinungen sind in ihrer Aufeinanderfolge durch die jeweils vorhergegangenen Zustände determiniert. Die Determination der Erscheinungen durch ihre vorhergegangenen Zustände ist der Kausalnexus. Das Wesentliche ist, daß bei der kausalen Erklärung die Erscheinung ausschließlich als Produkt ihrer Vergangenheit anerkannt wird.

Anders liegen die Verhältnisse bei der *teleologischen* Erklärung. Sie gilt im Bereich der Naturwissenschaften nicht als exakte Erklärung. Die Organisation der Lebewesen erscheint aber in unzähligen Einzelheiten so zweckmäßig, daß noch heute im biologischen Lehrbetrieb die teleologische Erklärung vielfach auftritt: Irgendeine nicht näher erläuterte Instanz – heute meist die «Natur» – hat dieses oder jenes für bestimmte Zwecke entsprechend eingerichtet. Solche Erläuterungen werden allerdings nicht mit besonderem Ernst, sondern mit einem leichten Anflug von Erstaunlichkeit und schriftlich in Anführungszeichen gegeben. Nimmt man sich selbst dabei meist auch nicht ganz ernst, so wird doch heute noch auf diese Weise eine Fülle an Fragen befriedigt. – Was aber ist letztlich die Eigenart dieser Erklärungsweise? Ein zukünftiger Endzweck wirkt so auf die gegenwärtigen Verhältnisse, daß diese Mittel zur Verursachung jenes

Endzweckes werden. Das Mittel geht mithin zeitlich voraus und seine zukünftige Wirkung ist der Zweck. Wesentlich ist also hierbei, daß die Determination von der Zukunft her geschieht. Die teleologische Erklärung anerkennt eine Erscheinung nur in ihrer Bedingtheit durch die Zukunft.

Wir kommen der jeweiligen Eigenart dieser beiden Erklärungsweisen einen Schritt näher, wenn wir ihre *Anwendung* beobachten. In welchen Wissenschaftsgebieten ist vorzugsweise die kausale, in welchen die teleologische anzutreffen?

Die *kausale* finden wir besonders in der Physik und Chemie, also den Wissenschaften der leblosen Natur. Hier lassen sich die Erscheinungen besonders gut aus ihrer Vergangenheit erklären und verstehen. Das gilt allerdings nicht absolut, wie die Heisenbergsche Unschärferelation zeigt, die besagt, daß bei der Bewegung von Elementarteilchen die Energiegröße* nicht genau festzulegen ist, wenn die Zeit im messenden Experiment festgelegt wird. Umgekehrt ist aber auch die Zeitgröße nicht genau angebbar, wenn die Energie bestimmt wird. Und zwar ist die Unschärfe des einen Wertes um so größer, je genauer der andere gemessen wurde, so daß das Produkt beider Ungenauigkeiten einen bestimmten konstanten Wert nicht unterschreiten kann ($\Delta E \cdot \Delta t \geq$ const.). Das bedeutet im ersten Falle, daß innerhalb solcher gemessenen Zeitmomente der Energiesatz nicht mehr exakt erfüllt ist. Oder im zweiten Falle, daß bei Energiebestimmungen kein exaktes Zeitmaß mehr gilt. Nun widerspricht die Unschärfe des Energiesatzes für beobachtete Zeitmomente dem Kausalnexus, denn jener Satz beinhaltet ja, daß eine energetische Größe nur aus einem schon vorher vorhandenen Energieäquivalent entstehen kann. Im zweiten Falle besagt die Unschärfe der Zeit bei festgelegter Energie, daß ein genaues Vorher innerhalb dieser unscharfen Zeit nicht mehr vorliegt, damit aber keine Verursachung durch vorherige Verhältnisse. Mithin liegt auch hier ein Kausalnexus nicht mehr vor. Die Vorgänge an Elementarteilchen sind daher undeterminiert und nur mit statistischer Wahrscheinlichkeit bei größerer Menge von reagierenden Teilchen zu erwarten. Die statistische Mittelung atomarer Prozesse enthält aber kein variables Regulativ und bewirkt so in der makroskopischen Dimension, daß der Kausalnexus hier voll zur Geltung kommt. Die kausale Erklärung ist also für den weitaus größten Bereich überschaubarer Zeitdimensionen der uns umgebenden, unbelebten Welt möglich.

Wo finden wir nun vornehmlich *teleologische* Erklärungen vor? Das ist im besonderen Maße in der Psychologie der Fall. Die teleologische Erklärung setzt ja eine Eigenschaft voraus, die auf die Zukunft gerichtet ist. Das liegt realiter bei allen Trieben, Wünschen, Begierden, Sehnsüchten, Hoffnungen vor, also psychischen Erscheinungen. Und zwar – näher besehen – besonders bei psychischen Inhalten mit noch stark unbewußtem Charakter, wie wir sie beim Tier

---

* Unter Energie wird hier sowohl die Masse als auch die klassische Energie verstanden.

vorfinden, aber ebenso beim Menschen, insoweit er die Welt des Tieres in sich trägt. Beim Auftreten des Ernährungstriebes als seelisch beobachtbarem Inhalt braucht nämlich sein objektiver Sinn und Zweck, den Organismus zu erhalten, gar nicht Inhalt des subjektiven Bewußtseins zu sein. Der Nahrungswunsch drängt unbewußt auf diesen Zweck hin. So ist es beim Flucht-, Fortpflanzungs-, Muttertrieb etc. Der Sinnzusammenhang dieser meist erblichen, instinktiven Vorgänge gehört einer übergreifenden, objektiven Teleologie an, die nicht bewußt zu sein braucht (Spranger 1924, 1). – Zwar kann es auch Inhalt der bewußten Psyche sein, in die Zukunft vorauszublicken und sie vorzuplanen. Aber mit der Beteiligung des klaren, konstruktiven Bewußtseins tritt dabei sofort die Benutzung kausaler Zusammenhänge in Erscheinung, wie wir es beim planenden Menschen sehen. Solche bewußten Planungen werden andererseits immer angestoßen von echten Trieben, Wünschen und Bedürfnissen, und ohne sie würde auch die Ausführung der Pläne nicht geschehen. Die eigentliche zukunftsgerichtete Komponente ist auch hier das Trieb- oder Willensleben. In dem Maße, wie es in die Zukunft drängt, erscheint seine Gegenwart durch die von ihm erwartete Zukunft geprägt. Es ist eine wesentliche Eigenschaft des Willens, immer zukunftsbezogen zu sein. Für alle Erscheinungen, die einen solchen willens- oder triebmäßigen Bezug zur Zukunft haben, wird eine echte Erklärung teleologisch ausfallen können.

Kurz können wir uns auch noch verdeutlichen, wo kausale und teleologische Denkverknüpfung zu Unrecht bestehen. Daß beim schrägen Wurf die Form einer Parabel auftritt, ist aus den Anfangsbedingungen (anfängliche Wurfbeschleunigung und fortwährende Beschleunigung durch das Gravitationsfeld), also kausal ableitbar. Es ist ohne weiteres ersichtlich, daß die Parabelform nicht deshalb auftritt, weil der geworfene Stein gerade eine solche Kurve beschreiben möchte oder die Parabelbahn für ihn zweckmäßig wäre. Teleologische Erklärungen sind im physikalischen Bereich deplaziert. – Andererseits kann laut Spranger (1924, 2) ein Psychologe nicht anerkennen, daß Sokrates allein deswegen im Gefängnis saß, weil seine Beinmuskelbewegungen ihn dahin gebracht haben. Oder daß seelische Eigentümlichkeiten, die durch Hormone beeinflußbar sind, durch diese dem Psychologen erkärlicher werden. Die chemische Substanz kann nur als Auslöser von Fähigkeiten fungieren, die im seelischen Bereich der Möglichkeit nach schon vorhanden sein müssen. Es gilt also auch das umgekehrte: Kausale Erklärungen sind im psychologischen Bereich deplaziert, und zwar besonders eindeutig im Bereich der noch triebhaften, unbewußten Psyche.

Zusammenfassend können wir sagen: Im unbelebten Bereich der Welt sind alle Vorgänge die Folge vorhergegangener Zustände. Sie können in der Form, in der wir sie antreffen, nur kausal erklärt werden. Dort, wo sich primär psychische Vorgänge abspielen, sind ihre Eigentümlichkeiten immer zukunftsbezogen. Sie können also insoweit nur teleologisch verständlich sein. Offensichtlich gehen wir mit der jeweiligen Art unseres Denkverhaltens auf das Zeitverhalten des Weltobjektes in der passenden Weise ein, wenn wir richtig denken. Die tote Welt ist das, was sie ist, nur durch ihre Vergangenheit. Durch sie ist die Vergangenheit der Welt in der Gegenwart präsent. Die beseelte Welt, soweit sie triebhaft unbewußten Charakter hat, kann ebenfalls wenig mit der Gegenwart anfangen, denn sie sehnt sich immer in eine noch unwirkliche Zukunft hinein. Durch sie wird die Gegenwart in die Zukunft hineingespannt. In beiden Fällen besteht zwischen Bedingung und Wirkung ein zeitlicher Abstand. Wird das Gegenwärtige immer als ein Bewirktes betrachtet, so liegt die kausale Bedingung dazu in der Vergangenheit, die teleologische in der Zukunft.

Die Biologie ist nun ein Wissenschaftsgebiet, dessen Objekte, soweit sie als lebendige interessieren, zwischen der unbelebten und der psychisch-begabten Welt stehen. Sie berührt beide Bereiche, indem der Organismus tote Stoffe in sich erzeugt und insbesondere die höheren Tiere Wunsch- und Triebverhalten zeigen. Daher sind kausale und teleologische Erklärungsweisen in vielfältiger Weise in ihr anwendbar geworden. Es hat nun bekanntlich nicht an Versuchen gefehlt, den lebenden Organismus entweder von der einen oder der anderen Sicht her zu interpretieren, getreu dem Grundsatz der Denkökonomie, komplizierte Vorgänge immer auf einfache Fundamentalvorgänge zurückzuführen. Wem die materielle Weltseite vertrauter erschien, nutzte alle Möglichkeiten, den Organismus mechanisch abzuleiten. Wem die psychische Erlebnisseite näher stand, suchte in ihr die Fundamentalvorgänge für das Leben – wie etwa Driesch, wenn er vom «Psychoid» sprach, oder Strombach, der sie in der unbewußten Psyche sucht. Für Rensch sind – wie bei Haeckel – sogar die Atome der toten Welt beseelt, ein völlig undifferenzierter Monismus, der einfach die Augen vor der Vielfalt der Erfahrungsbereiche verschließt.

Heute finden wir in den biologischen Schulen die neodarwinistische Denkweise verbreitet. Ihre Überzeugungskraft besteht darin, daß sie kausal denkt, was sonst teleologisch begriffen wurde. Automatisch, also ohne lenkende Psyche, vernichtet die Selektion die nachteiligen Mutanten aus der Überproduktion jeder Population, so daß die zufällig Bevorteilten überleben. Die umweltangepaßten Individuen nehmen um so mehr zu, je härter der Selektionsdruck ist. Die Teleologie einer zielerfüllten Zukunftserwartung konnte mit reichem Tatsachenmaterial durch die kausale, also zukunftsblinde Selektion ersetzt werden.

Eine Sichtung dessen, was der Darwinsche Ansatz heute leistet und was nicht, ergibt, daß er für die Ausbildung der Morphen, Aberrationen, Rassen und Rassenkreise weitgehend zutrifft. Für die Evolution der Gattungen und Familien, geschweige denn Ordnungen, Klassen oder gar Stämme bietet die darwinistische Diskussion nur spekulative Entwürfe, unter denen wir hier alles das verstehen, was experimentell nicht vorweisbar ist. Kein Biologe hat bisher gesehen, daß aus einer Fichte eine Tanne oder aus einer Rose ein Pflaumenbäumchen wird, geschweige denn sie züchten können. Zwischen Rasse und Gattung steht der vermittelnde Artbegriff. Je nachdem, wie eng oder weit er gefaßt wird, reicht die Selektion (bzw. die Isolation als negative, fehlende Selektion) aus oder nicht. Was für Kleinarten möglich ist, läßt sich für Großarten nicht sichern; abgesehen davon, daß ein einheitlicher Artbegriff nicht durchführbar ist (Overhage, Schilder). Sicher ist, daß die gesamte *transspezifische* Evolution («über die Spezies = Art hinaus») keine experimentellen Unterlagen für eine neodarwinistische Deutung aufweist. Peters hat diesen Sachverhalt näher beschrieben und komplementäre Modelle und Entwürfe gefordert. Tatsächlich läßt sich zeigen, daß im Bereich der höheren systematischen Kategorien die evolutiven Stufen nicht die vermehrte Umweltanpassung, sondern gerade eine zunehmende Emanzipation durchführen (Kipp, Schad 1971). Man muß sich bei diesem Fragenkomplex klarmachen, daß jeder sinnlich vorhandene Organismus immer Angehöriger aller systematischen Ebenen ist. Insoweit er Morphe, Rasse und Subspezies ist, unterliegt er der Einpassung in seine Umwelt im Sinne Darwins und seiner Nachfolger; insoweit er Angehöriger seiner Gattung, Familie und besonders Ordnung und Klasse ist, zeigt er die Freiheitsgrade und Autonomien des Grundbauplanes, der bei allen Konvergenzen doch erkennbar bleibt; sonst hätte sich nach Linné keine natürliche Systematik gegenüber seiner künstlichen aufbauen lassen. – Der Artbegriff ist so erst als der lebensnotwendige Organisationskomplex ersichtlich, der zwischen beiden Antinomien vermittelt. Das finden wir ja schon bei der häufigsten begrifflichen Bestimmung der Art vor: als der Gemeinsamkeit aller Individuen, die miteinander fruchtbare Nachkommen hervorbringen können: Der Partner ist bei der Paarung immer für den Einzelorganismus einerseits «Umwelt», andererseits in eiweißbiologischer Hinsicht von nahezu gleicher Eigenart.

Daß sich die vermutete Zweckmäßigkeit der umweltangepaßten Merkmale oftmals als eine Scheinteleologie entpuppte, läßt viele Biologen heute geradezu ausschließlich nach Zweckmäßigkeiten suchen, wenn es um die Interpretation aller Merkmale geht. Sind sie zweckmäßig für die Lebenserhaltung, gelten sie jetzt immer als darwinistisch deutbar. Unzählige Erscheinungen werden so faktisch durch den Nachweis einer Teleologie interpretiert, die als Scheinteleologie angesehen wird, allerdings ohne daß man in der überwiegenden Mehrzahl der Fälle sich angewöhnt hätte, den unterlegten Kausalnexus experimentell abzusichern. Der Neodarwinismus sucht nach Teleologien und erklärt sie kausal. Wo er sie nicht findet, kann er auch nicht kausal erklären. Hier erfolgt fortwährend ein Kurzschluß zwischen beiden Denkweisen, weil mit einer Annahme gearbeitet wird, die gleich anschließend wieder eliminiert wird. Das Problem des Lebens ist kein kausales, es ist auch kein teleologisches, und es ist auch kein dualistisches Sowohl-Als-Auch.

Über den Leib-Seele-Zusammenhang ist viel geforscht worden. Die meisten kamen dabei zu dem Ergebnis, daß dieser Zusammenhang wohl bestehe, aber daß es unmöglich sei, diesen deutlich beschreibbar zu erfassen, auch nicht in der Gehirnphysiologie (Rein/Schneider). Diese Feststellung ist wertvoll, weil sie zeigt, daß der Zusammenhang nicht auf der leiblichen und ebensowenig auf der seelischen Ebene auflösbar ist. Steiner erst machte ausführlich darauf aufmerksam, woran das liegt: Zwischen der psychischen und der physischen Ebene liegt ein eigener, von beiden wesensverschiedener Bereich, der weder von der sinnlichen Außenbeobachtung noch von der seelischen Selbstbeobachtung getroffen werden kann: die *Wirksamkeit des Lebens*. Seine Autonomie hat noch allen «Urzeugungs»-Experimenten standgehalten und gehört so schon wissenschaftspragmatisch zu den quantitativ gesichertsten Ergebnissen. An sich selbst «erlebt» der Mensch diesen Bereich unbewußt, unterbewußt. Vitalvorgänge spielen sich – seelisch gesprochen – eben immer schlafend ab. Und doch ist an der eigenen Wirklichkeit der Schlafvorgänge nicht zu rütteln. Steiner nennt sie – in Anknüpfung an einen antiken Sprachgebrauch – den Bereich des *Ätherischen*. Dieser ist es, der weder physisch noch seelisch existiert, sondern gerade den Zusammenhang zwischen Leib und Seele bewirkt und ausmacht, weil er mit beiden kommuniziert, was materielle und psychische Vorgänge nie direkt miteinander können.

Man hat also in jedem Organismus nicht mit rein toten und rein psychischen Vorgängen zu tun, sondern in erster Linie mit vorherrschend lebendigen. Diese waren und sind kausal-analytisch nicht abzuleiten. Bei der heute verbreiteten Schilderung der Lenkung der Eiweißsynthese aus der Basensequenz der Zellkernsäuren (DNS) wird z. B. meist unterschlagen, daß sie in vitro nur bei Ausschaltung der die Kernsäuren abbauenden Nukleasen-Systeme möglich ist (Matile). Diese eiweißartigen Enzyme werden in vivo ebenso über die DNS aufgebaut, wie sie diese DNS abbauen. Hier herrschen keine eindimensionalen Kausalbezüge. Ebenso unbefriedigend bleibt hier auch die teleologische Denkweise, weil damit ebenso die Eigentümlichkeit des Lebens übersehen wird. Beide Erklärungsmöglichkeiten versagen gegenüber dem eigentlichen Lebendigen, soviel sie auch für die Untersuchung der Randbedingungen leisten. Damit aber stoßen wir auf den zentralen Charakterzug der Lebensvorgänge: *Sie werden als solche nicht so sehr von vorherigen oder zukünftigen Bedingungen, sondern in jedem Augenblick durch ihre Gegenwart bestimmt*. Die bedingenden Prozesse verlaufen von ihren Wirkungen zeitlich nicht mehr getrennt, sondern Bedingung und Wirkung fallen zeitlich immer mehr zusammen und werden letztlich in ihrer gegenseitigen Einflußnahme gleichwertig. «Wechselursachen-Verhältnis» nannte Steiner (1922) diesen Zusammenhang.

Für die ontogenetischen Lebensvorgänge hat sich die Forschung schon in dieser Richtung ausgeweitet: als biologische Kybernetik. Diese versucht ja gerade zu verfolgen, wie im Organismus die eindimensionalen Kausalbeziehungen auf die Ausgangsbedingungen zurückgewendet werden und so jede Folge ihre Rückwirkung hat. Die Kausal-*Kette* wird zum Regel-*Kreis* geschlossen. Die relative Konstanz jedes biologischen Binnenmilieus, die Homöostasen (Cannon), wurden so als regulatorische Erscheinungen in erster Näherung faßbar. Lineare Modelle wurden durch komplexere Verzweigungen und – was das Wesentliche ist – durch Rückverzweigungen der Wirkungen ersetzt.

16

Was ist damit erreicht? Der Abbau des nur eindimensionalen Denkens endlich auch in den biologischen Schulen. Auch der mechanistisch eingestellte Biologe wagt seitdem das Problem der *Ganzheitlichkeit,* die Grunderscheinung des Organismus, zu bearbeiten. Wissenschaftsgeschichtlich stellt die biologische Kybernetik jedoch im Grundprinzip gar nicht etwas so vollkommen Neues dar, wie es dem neuartigen Sprachgewand nach erscheint. Goethe hat den Inhalt der Physiologie schon 1796 in der folgenden Weise formuliert: «Allein noch wäre zu wünschen, daß zu einem schnelleren Fortschritt der Physiologie im Ganzen die Wechselwirkung aller Teile eines lebendigen Körpers sich niemals aus den Augen verlöre; denn bloß allein durch den Begriff, daß in einem organischen Körper alle Teile auf einen Teil hinwirken und jeder auf alle wieder seinen Einfluß ausübe, können wir nach und nach die Lücken der Physiologie auszufüllen hoffen.»

Und 1799 wandte er sich gegen Diderots Satz «Die Natur macht nichts Inkorrektes» mit den Worten: «Die Natur ist niemals korrekt! dürfte man eher sagen. Korrektion setzt Regeln voraus, und zwar Regeln, die der Mensch selbst bestimmt, nach Gefühl, Erfahrung, Überzeugung und Wohlgefallen, und darnach mehr den äußern Schein als das innere Dasein eines Geschöpfes beurteilt; die Gesetze hingegen, nach denen die Natur wirkt, fordern den strengsten innern organischen Zusammenhang. Hier sind Wirkungen und Gegenwirkungen, wo man immer die Ursache als Folge und die Folge als Ursache betrachten kann. Wenn eins gegeben ist, so ist das andere unausbleiblich.»

Die an Goethe anknüpfenden naturwissenschaftlichen Richtungen hatten daran längst weitergearbeitet. Man erinnere sich nur innerhalb des universitären Rahmens an Smuts, Haldane, Koehler und Bertalanffy. Merkwürdigerweise oder verständlicherweise – je nach dem, wie man es nimmt – wurde dieser Ansatz bei den kausalistisch eingestellten Schulen neuerdings erst annehmbar, als die nicht zu umgehenden Tatsachen in technomorpher Sprache geäußert werden konnten. Die Regeltechnik lieferte den begrifflichen Strukturen die verbale Einkleidung mit Wörtern wie «Rückkopplung, Stellglied und Stellgröße, Ist- und Sollwert, Redundanz und Signal, Transfer-, Kanal- und Korrekturmechanismen», die in Schaltbildern technische Anschaulichkeit gewinnen. Dagegen wäre nichts zu sagen, wenn diese Sprache nicht doch mehr vermitteln würde, als sie inhaltlich kann: Die Übernahme solcher Sprachformen liefert in weitem Ausmaße den erhofften sublimen Lustgewinn, der aus der Sache allein nicht zu gewinnen ist, nämlich: daß der Organismus doch nur ein Mechanismus sei (siehe auch Fromm).

Bei unserer Selbstanalyse des naturwissenschaftlichen Denkens bleibt die Frage, welchen der drei beschriebenen Denkformen das kybernetische Denken angehört. Sehen wir dabei völlig vom bloßen Wortgebrauch ab und prüfen einmal nur die Denkbewegung selbst. Dann wird deutlich, daß auch beim Denken in Regelkreisen diese letztlich in sich kausal durchlaufen werden. Was den direkten Denkzugang zum Lebendigen ausmacht, die Gleichzeitigkeit von

Bedingung und Wirkung, wird im kybernetischen Denken doch immer noch zeitlich auseinandergezogen. Das kybernetische Modell erreicht durch die rasche Abfolge der Kausalschritte nur eine Annäherung an die Simultaneität des Lebendigen, nicht die volle Kongruenz damit. – Es ist natürlich nicht zu übersehen, daß solche zeitgedehnten Regelkreise auch da im Organismus sich abspielen, wo er mit der sich selbst überlassenen Physis seinen Modus vivendi verwirklicht. Aber umgekehrt kann das kybernetische Modell nicht ableiten, wie es sich ohne Techniker, von sich aus, unentwegt entwickeln, umbilden, weiterentwickeln würde. Wie kann sich die Regelung selbst in geordneter Zeitgestalt verändern? Kein technischer Regelkreis zeigt ohne den Menschen Metamorphosen seiner selbst. Er bewirkt unveränderliche Dauer-Homöostasen, solange es die Korrosion zuläßt. Der Organismus ändert seine Homöostasen fortwährend und dabei noch in artspezifisch zeitlich geordneter Weise (Gut).

Ein Beispiel aus der Physiologie des Plasmawachstums möge das Gesagte verdeutlichen. Die früher begrifflich gezogene Grenze zwischen Baustoff (z. B. einfache Eiweiße) und Wirkstoffe (Vitamine, Enzyme, Hormone) ist heute nicht mehr durchgängig möglich. Im lebenden Organismus liegen zum großen Teil Stoffe vor, die weder in die eine noch in die andere Rubrik gehören, weil sie sowohl Baustoffe (als Menge betrachtet) als auch Wirkstoffe (in ihrer Funktion betrachtet) sind. Das bedeutet, daß Bedingtes und Bedingendes nicht scharf zu trennen sind, sich also dadurch der Kausalanalyse entziehen: Ändere ich experimentell die Bedingungen, so ändere ich ja zugleich einen Teil des zu Bedingenden, wenn nicht gar das zugleich Bedingte. Ursache und Wirkung lassen sich dabei ebensowenig voneinander unterscheiden wie das Mittel vom Zweck. Jeder Baustoff ist offenbar um so mehr Wirkstoff und jeder Wirkstoff Baustoff, je lebendiger die Prozesse im Organismus stattfinden und je geringer die mineralisierenden und beseelenden Prozesse sind.

Hiermit wird die adäquate Erklärungsmöglichkeit eine andere. Es kann nicht mehr nur nach kausalen oder teleologischen, sondern es muß primär nach den *gleichzeitigen Zusammenhängen der Erscheinungen* gefragt werden. Tritt das eine Phänomen auf, so tritt notwendig zugleich das zweite mit ihm zusammenhängende auf. Daß sich zwei Phänomene so gegenseitig bedingen und fordern, daß beide gemeinsam auftreten und wiederum dadurch fähig sind, sich gegenseitig zu erklären, ist der biologische Fundamentalvorgang aller Organismen. Die Erklärungen tragen sich gegenseitig. Sie bilden dadurch keineswegs einen Zirkelschluß, weil dieser die eindeutige zeitliche Unterscheidbarkeit von Bedingung und Wirkung voraussetzt, die im falschen Zirkel übersehen wird. Bei lebenden Erscheinungen ist nie festzustellen, daß ein Phänomen allein eine Wirkung ausübt und ein anderes lediglich die Auswirkungen davon zeigt. Es handelt sich höchstens um ein Mehr oder Weniger an gegenseitiger Einfluß-nahme. Im reinen Falle ist der wechselseitige Zusammenhang so ausgewogen, daß Bedingung und Auswirkung identisch werden. Die Unterscheidung beider

Begriffe wird dann irrelevant: Man hat es nur noch mit echten Korrelaten zu tun. Dadurch besteht zwischen allen Gliedern eines Organismus ein in jedem Moment existierender Zusammenhang, dessen augenscheinliche Evidenz wir als *Leben* bezeichnen. Nur durch diesen *gleichzeitigen Zusammenhang* erscheint uns ja jeder Organismus immer als Ganzheit. Für diese sind der Kausal- und Finalnexus verspannte Begriffsbezüge, da sie die gleichzeitige Korrelation verdecken. Das Wort «Korrelation» wird hier also nicht, wie es oft geschieht, für einen noch nicht kausal analysierten Zusammenhang verwendet, sondern für einen *simultan sich wechselseitig bedingenden.*

Der Zusammenhang lebendiger Erscheinungen ist aber nicht nur ein simultaner – dann könnte er auch zufällig sein –, sondern darüber hinaus ein notwendiger. Welches ist nun das Kriterium für diese zu fordernde Notwendigkeit der gleichzeitigen Wechselbeziehung? Die Erkenntnispraxis auf diesem Gebiet zeigt, daß nicht ein, sondern für unser heutiges Bewußtsein zwei Kriterien zugleich nötig sind. Das eine ist «die Übereinstimmung des Ganzen», wie es Goethe (1784) nannte: «Die Übereinstimmung des Ganzen macht ein jedes Geschöpf zu dem, was es ist, und der Mensch ist Mensch so gut durch die Gestalt und Natur seiner oberen Kinnlade als durch Gestalt und Natur des letzten Gliedes seiner kleinen Zehe *Mensch.*» Es geht hier um eine gestaltmäßige Stimmigkeit und Durchgängigkeit, die klar beschrieben werden kann (Schad 1965) und die immer mit einem starken Evidenzerlebnis verbunden ist. Wir pflichten aber Bischof bei, daß die jeweilige Evidenz vom Bewußtsein nicht immer sicher interpretiert wird. – Es tritt als zweites Kriterium hinzu: die Fruchtbarkeit in der weiteren Anwendung der erfaßten Zusammenhänge.

Die klare Durchsichtigkeit der inneren Evidenz einerseits und die Fülle der Bestätigungen durch Problemlösungen andererseits, die sich anders nie lösen ließen, sind die beiden Wahrheitskriterien der lebendigen Erklärungsweise. Solange wir die unbewußte Welt des Ätherischen nicht direkt beobachten können, erfahren wir sie an den beiden Grenzflächen vom Psychischen her im Evidenzerleben und vom physischen Bereich her in dem Ausmaß der fruchtbaren Anwendung.

Wir können nun folgendes aussprechen: Jede beobachtete lebende Erscheinung wird anerkannt als eine Existenz, die sich durch ihre eigene Gegenwärtigkeit bedingt. – Hier wird der Unterschied zu solchen Erscheinungen deutlich, die durch rein vergangene Zustände (Kausalnexus) oder durch zukünftige (teleologische Verknüpfung) bedingt sind.

Die zentrale Methode der Biologie ist also das Auffinden korrelativer Zusammenhänge. Biologische Phänomene können als Korrelationen dann erklärt werden, wenn die Ergebnisse dieser Methode vom Fragenden als sachgemäße Zusammenhänge identifiziert werden können. Wem das nicht möglich ist, der hat nie Leben wahrgenommen, sondern nur Physisches oder Psychisches.

Goethe war in einem besonderen Maße in der Lage, das Wesentliche lebender Zusammenhänge zu bemerken. So berichtet er einmal von sich selbst (1829, 2):

«Um mich zu retten, betrachte ich alle Erscheinungen als unabhängig voneinander und suche sie gewaltsam zu isolieren; dann betrachte ich sie als Korrelate, und sie verbinden sich zu einem entschiedenen Leben.»

In einem Brief an Carl Caesar von Leonhard schreibt er (1807): «So gestehe ich gern, daß ich da noch oft simultane Wirkungen erblicke, wo andere schon eine sukzessive sehen; . . .»

Vogel (1945) schildert Goethes Denkweise in diesem Sinne: «Das Denken, das sich nicht auf Kausal- und Zweckbegriffe beschränkt, erhebt sich zu lebendig-dynamischem Vermögen, tätig das Wirken der Natur in sich aufnehmend und an ihm teilnehmend.»

Das Eigentümliche in Goethes naturwissenschaftlichem Denken ist eben die Fähigkeit, die gegenwärtigen Zusammenhänge in den Lebenserscheinungen aufzusuchen. Das ist der eigentliche Sinn in den schon zitierten Worten: «Man suche nur nichts hinter den Phänomenen; sie selbst sind die Lehre.» Sein Schlüsselbegriff für alles Lebendige, der *Typus*, ist ja inhaltlich der Zusammenhang sich gleichzeitig fordernder Teile. Aus dem Typus des Säugerskelettes war der Zwischenkiefer des Menschen zu erwarten; aus dem Typischen des Menschen aber ebenso seine verschmolzene Natur erklärbar (siehe Schad 1965).

Wir finden diese Denkweise auch schon vielfach vor Goethe. Kohlbrugge (1913, 1) zählt eine Reihe von Biologen des 16., 17. und 18. Jahrhunderts auf, in denen die Idee des Typus lebte. In Goethe gewinnt diese Denkart ihre unvermischte Ausprägung. So dürfen wir das Erfassen korrelativer Zusammenhänge auch als «goetheanistische» Denkweise bezeichnen, wie es ja vielfach geschieht. Dieses Denken kann zwar leicht vom kausalen Denken unterschieden werden, es darf aber ebensowenig mit dem teleologischen verwechselt werden. Wenn Kohlbrugge (1913, 2) und viele Naturwissenschaftler seiner Zeit zu Goethes Begriff von der Korrelation der Teile sagten: «Solch eine Auffassung ist reinste Teleologie», so fehlte ihnen ein geklärter Begriff vom Prinzip des teleologischen Denkens. Goethe unterschied auch diese beiden Denkweisen deutlich. Unter anderem gibt ein Gespräch mit Eckermann davon beredten Ausdruck: «Die Nützlichkeitslehrer würden glauben, ihren Gott zu verlieren, wenn sie nicht den anbeten sollen, der dem Ochsen die Hörner gab, damit er sich verteidige . . . Etwas weiter aber kommt man mit der Frage: wie? Denn wenn ich frage: wie hat der Ochse Hörner?, so führt mich das auf die Betrachtung seiner Organisation und belehret mich zugleich, warum der Löwe keine Hörner hat und haben kann» (20. 2. 1831).

Und zu den mechanistischen Denkverfahren in der Biologie äußert sich Goethe ebenfalls zu Eckermann: «In der mineralogischen Welt ist das Einfachste das Herrlichste, und in der organischen ist es das Komplizierteste. Man sieht also, daß beide Welten ganz verschiedene Tendenzen haben und daß von der einen zur anderen keineswegs ein stufenartiges Fortschreiten stattfindet» (23. 2. 1831).

Wir können nun das bisher Beschriebene in folgender Weise zusammenfassen. Bei der Betrachtung der Denkmöglichkeiten, denen wir in den Naturwissenschaften begegneten, traten uns drei verschiedenartige entgegen, die in charakteristischen Wissenschaftsgebieten bevorzugt anwendbar sind:

kausale	*korrelative*	*teleologische Betrachtungsweise*
Physik, Chemie	Biologie	Psychologie
mineralisch-toter	lebendiger	psychischer Weltbereich
von der Vergangenheit	Gegenwart	Zukunft her bedingt

Im naturwissenschaftlichen Denken finden wir so eine ähnliche Ordnung vor, wie sie innerhalb der drei Naturbereiche selbst besteht. Wir denken, je nachdem wie sich der jeweilige Weltinhalt verhält, anders – wenn wir ihn richtig erfassen. Die dreigliedrige Natur fordert so von unserem Denken eine dreigliedrige Vielfalt. Die natürliche Welt ist also nicht mit *einer* Denkweise erklärbar; dann wäre sie schematisch. Aber sie ist auch nicht nur dualistisch; dann bestände sie nur aus Widersprüchen. Außer den kausal-abrollenden und den seelisch-zielgerichteten Vorgängen gibt es in ihr einen Bereich, der zwischen beiden steht, ihre Dualität durch seine aktive Gegenwart vermittelt und sie verbindet, ohne sie zu beseitigen; der Bereich des Lebendigen. Er vermittelt in der Natur zwischen ihrer toten und beseelten Seite.

Bemerkenswert ist dabei, daß jeder Bereich einen anderen Bezug zur Zeit hat. Für leblose Vorgänge existiert Zeit nur als «hohle» Zeitspanne, z. B. für Bewegungsabläufe in der Physik oder Reaktionsgeschwindigkeiten in der Chemie. Solche Abläufe können zumeist beliebig gestoppt und nach beliebiger Zeit ebensogut fortgesetzt werden. Für psychische Vorgänge ist die Zeit ebenso uninteressant, weil alles auf spätere Ziele ausgerichtet ist, die zu erreichen wichtiger ist als die Zeitspanne bis dahin. Ein Lebensvorgang aber läuft immer um seiner eigenen Gegenwart willen ab. Die Zeit ist hier keine bloße Zeitspanne mehr, sondern im eigenen, nämlich nicht beliebig dehn- oder verkürzbaren Lebensrhythmus jedes einzelnen Organismus individualisierte, autonomisierte Zeit. Wir können hier mit Steiner von dem «Zeitleib» sprechen, der seine artspezifische Eigengestalt teils mit, teils gegen die «Außenzeit» aufbaut, so wie sich der räumliche Leib jedes Lebewesens gegenüber dem Umgebungsraum teils öffnet, teils abgrenzt. Dieser Zeitleib verräumlicht sich fortwährend in der Ausbildung räumlicher Korrelate.

Wo diese Verräumlichung nachläßt, tritt auch die autonome Zeitgestaltung zurück. Das ist bei allen mehrzelligen Organismen bei der Keimzellreifung der Fall. Was im Geweberverband vorher integriert war, zerfällt in lose Einzelzellen. Zugleich setzt auch ein physiologischer Auflösungsprozeß ein: Die Eiweißstruktur wird soweit chaotisiert, daß die gegenseitige Verträglichkeit (Compatibilität) zwischen verschiedenen Exemplaren einer Art erreicht ist, womit erst jegliche Befruchtung möglich wird. Charakteristisch ist nun mit dem Abbau der Raumstruktur die der Zeitstruktur: Keimzellen und ihre Augangszellen lassen sich bei extrem tiefen Temperaturen für lange Zeit reversibel einfrieren. Die nötige Beigabe von Glukose aber zeigt, daß ein minimierter Reststoffwechsel auch hier noch verbleibt.

Nachdem wir soweit in die Analyse gegangen sind, darf nach der begrifflichen Trennung auch wieder die notwendige Synthese sich anschließen, um noch näher an die Lebenswirklichkeit konkreter Organismen heranzukommen.

Die drei Naturbereiche existieren ja nun nicht nebeneinander, denn auch Vergangenheit, Gegenwart und Zukunft bilden letztlich ein Kontinuum. Die Art und Weise, wie sie zusammenhängen, haben wir aber gerade beispielhaft in jedem Organismus vor uns. An seine korrelativen Prozesse knüpfen die kausalen und finalen an. Er modifiziert die Lebensprozesse so, daß er auf der einen Seite absterbende Stoffe bildet, die aus der momentanen Ganzheit herausfallen und ausgeschieden werden. Insoweit kann man Vorgänge am Organismus realiter kausal erklären und darf solche Erklärungen erwarten. Absterbende Stoffe werden eben nur noch durch ihre jeweils vorhergegangenen Zustände bedingt. Der erste organische Stoff, den man aus leblosen Stoffen synthetisieren konnte, war der Harnstoff (Wöhler 1828). Auch Abbauprozesse wie der Citratzyklus bei der Veratmung organischer Substanz sind genauer faßbar geworden, während die aufbauende Assimilation von hochwertigem Eiweiß, von der Urzeugung ganz zu schweigen, dem chemischen Experiment erhebliche Schwierigkeiten bot und bietet. – Auf der anderen Seite gibt der Organismus ebenfalls einen Teil seiner gegenwärtigen Ganzheit auf, wenn er Schauplatz psychischer Akte wird, die ja etwas suchen, was zu einer zukünftigen Ganzheit noch fehlt. – In dem Maße, in dem sich der Organismus von Vergangenheit oder Zukunft wieder bedingen läßt, setzen sich Bedingungen und Wirkungen zeitlich wieder auseinander. So aber kommt gerade die organisierende Wirkung der Lebewesen zum Ausdruck: durch sie fügen sich Vergangenheits-, Gegenwarts- und Zukunftsprozesse in eine gemeinsame Existenz. Durch die kausalen Prozesse bleibt die Vergangenheit in der Gegenwart wirksam, durch finale Vorgänge gewinnt das in sich befriedigte Leben Anschluß an Zukünftiges, also an mehr, als es schon ist. Zwischen ihnen herrschen lebendige Übergänge.

Diese Vermittlung der dualen Zeitprozesse im Leben ist von Organismus zu Organismus verschieden. Die Tierwelt, insbesondere die höheren Tiere sind stark psychisch ausgerichtet. Sie verfügen über eine auffällige Unabhängigkeit von äußeren Faktoren (Eigenwärme, Ortsbeweglichkeit etc.). Ihnen gegenüber ist die Welt der Einzeller vorwiegend durch die physikalisch-chemischen Umstände der Umwelt bestimmt – soweit es überhaupt für Lebewesen möglich ist. Änderungen der Umweltfaktoren können sie stoffwechselmäßig extrem wenig kompensieren. Deswegen ist in der Zellphysiologie die Kausalanalyse relativ gut anwendbar. Die lebendigen Prozesse aber sind am ausgeprägtesten und reinsten in der Pflanzenwelt vorhanden. Im Vorgang der Photosynthese wird sogar ausschließlich anorganische Substanz wieder lebendig.

Aber in jedem Organismus sind auch wiederum alle drei Naturbereiche in irgendeinem Verhältnis beobachtet. Und gerade dies macht es, daß der Organismus so vieldeutig ist. Wir dürfen nun aber sagen: Seine Vieldeutigkeit ist eine geordnete und damit auch geordnet überschaubare; insoweit der Organismus physisch vorliegt, kann er zunehmend kausal erklärt werden; insoweit er lebendig besteht, ist er korrelativ erklärbar; und insoweit er seelische Fähigkeiten besitzt, sind sie teleologisch verständlich. So wird es zur Aufgabe des Biologen, auf der Suche nach Verständnis der Lebewelt ins Auge zu fassen, wo kausal, wo korrelativ und wo final erklärt werden kann. Dieser «Goetheschen» Denkart steht heute ein reiches, schon an vielen Stellen bebautes, an noch mehr Stellen unbebautes Arbeitsfeld offen (siehe auch Hassenstein 1950 und Heisenberg).

Überblicken wir abschließend das Geschilderte. Die Beobachtung der in der Biologie anzutreffenden Denkweisen führte uns dazu, alle drei in einem Verhältnis der Zusammengehörigkeit zu sehen. Dabei greifen die beschriebenen Denkweisen über die Biologie hinaus auf die benachbarten Wissenschaftsgebiete über. Sie gelten allerdings nur im Bereich der Naturbetrachtung. Für die Erkenntnis des Menschen sind sie nur insoweit zuständig, als seine Organisation Anteil an den drei unter ihm stehenden Naturreichen hat. Für den Bereich der *Biologie* wird zugleich deutlich, daß ihre *zentrale* Methode in der Aufdeckung *korrelativer* Verhältnisse besteht.

Aber nicht nur für die Erkenntnis der belebten Natur, sondern auch für das menschliche Denken selbst spielt die korrelative Denkweise eine besondere Rolle. Beobachtet man sich selbst beim kausalen Denken in der Weise, daß man seine Aufmerksamkeit darauf richtet, woher es seine Überzeugungskraft in der eigenen Seele nimmt, so findet man, daß diese Überzeugungskraft auf der bequemen Vereinfachung beruht, daß die Voraussetzungen der Vergangenheit von selbst die Gegenwart ergäben. Die Überzeugungskraft des finalen Denkens besteht darin, daß man hoffnungsvoll voraussetzt, daß die gewünschte Zukunft sich wohl auch realisieren wird. Im kausalen Denken kann die Welt erstarren; im finalen kann die Welt zur Illusion werden. Beide Denkarten haben es nicht nötig, das aufzugreifen, was das Denken in jedem Moment der Gegenwart als Möglichkeit selbst hat. So erhält das korrelative Denken seine Überzeugungskraft nur dadurch, daß es gegenwärtig selbst produktiv ist, wenn es Korrelatives verstehen will.

In der Vermittlung zwischen Vergangenheit und Zukunft findet das korrelative Denken auch ein adäquates Verhältnis zum kausalen und teleologischen Denken. So wird es zugleich zum Vermittler der sich widerstrebenden Denkgewohnheiten ebenso, wie die belebte Welt zwischen der Paradoxie der unbelebten und beseelten Welt Ausgleich schafft. Das Denken gewinnt dadurch Fähigkeiten, die es für seine eigene Entwicklung sucht.

Wir dürfen mit Goethe die Natur als das hinnehmen, was sie in paradoxer Weise ist, denn indem sie lebt, verfügt sie zugleich über die Vorgänge, die in der aktiv vermittelnden Auseinandersetzung mit den Paradoxien bestehen. Wie aber ist es möglich, daß ihre drei Bereiche geordnet ineinanderwirken? Unser Denken kann nur jede Denkweise an sich betätigen. Dadurch werden uns die Naturerscheinungen zunächst in dreifach getrennter Weise verständlich. Erst in einer noch nicht absehbaren Zeit könnte es möglich werden, das Regulativ zwischen allen dreien in der Natur zu überschauen. Die Voraussetzung dazu wird wohl sein, daß man es für die drei Denkweisen selbst ausbildet. Dann werden Mensch und Welt kongruent.

Das biologische Denken findet aber schon jetzt im Organismus sein eigenes Urbild. Noch ist es ein Keimgebilde. Wenn es sich zu einem dreigliedrigen Organismus ausgebildet haben wird, kann der Mensch es als die immer gleiche Kraft in seiner eigenen Vielfalt überschauen. Einerseits dürfte das biologische und im weiteren das naturwissenschaftliche Denken dann erst sich selbst verstehen. Zum anderen würde es aber auch mehr als die Natur, nämlich sich selbst als eine *rein menschliche* Eigenschaft zu erkennen fähig sein. Es lebte in ihm, was Goethe in die Worte faßte (1829, 3):

> Dann ist Vergangenheit beständig,
> Das Künftige voraus lebendig,
> Der Augenblick ist Ewigkeit.

Literatur

BERTALANFFY, L. (1932): Theoretische Biologie, Bd. 1. Berlin.
– (1937): Das Gefüge des Lebens. Leipzig/Berlin.
BISCHOF, N. (1970): Verstehen und Erklären in der Wissenschaft vom Menschen. In: Lohmann, M. (Hrsg.): Wohin führt die Biologie? Ein interdisziplinäres Kolloquium. München.
BÜNNING, E. (1952): Ein Blick in die Lebensforschung. Rektoratsrede in «Universität Tübingen», Nr. 41, S. 22–33. Tübingen.
CANNON, W. B. (1932): The wisdom of the body. New York.
DRIESCH, H. (1928): Philosophie des Organischen. 4. Auflage. Leipzig.
FROMM, E. (1974): Anatomie der Destruktivität, S. 310–325. Stuttgart.
GOETHE, J. W. (1784): Goethes Werke (Sophienausgabe), IV. Abteilung, 6. Band, Brief Nr. 2009 vom 17. 11. 1784, S. 390. Weimar 1890.
– (1796): Vorträge über die drei ersten Kapitel des Entwurfs einer allgemeinen Einleitung in vergleichende Anatomie, ausgehend von der Osteologie. dtv-Gesamtausgabe, Band 37, S. 101. München 1962.
– (1799): Diderots Versuch über die Malerei. dtv, Band 33, S. 109.
– (1807): dtv, Band 38, S. 68, Brief vom 25. 11. 1807.
– (1819): dtv, Band 2, S. 153, «Epirrhema».
– (1829): dtv, Band 18, «Betrachtungen im Sinne der Wanderer» (1) S. 57; (2) S. 55; (3) S. 63.

- (1831): Gespräche mit Eckermann, 2. Teil, 20. 2. 1831.
Gut, B. (1971): Informationstheorie und Erkenntnislehre, S. 78/79. Dornach.
Haeckel, E. (1917): Kristallseelen, Studien über das anorganische Leben. Leipzig.
Haldane, J. (1935): Die Philosophie eines Biologen. Jena.
Hassenstein, B. (1950): Goethes Morphologie als selbstkritische Wissenschaft und die heutige Gültigkeit ihrer Ergebnisse. Jahrbuch der Goethe-Gesellschaft (Weimar), N. F. 12, S. 333–357.
- (1965): Biologische Kybernetik. Heidelberg.
- (1966): Kybernetik und biologische Forschung. Handbuch der Biologie, Band 1, S. 626–717. Frankfurt.
Heisenberg, W. (1967): Das Naturbild Goethes und die technisch-naturwissenschaftliche Welt. Jahrbuch der Goethe-Gesellschaft (Weimar) N. F. 29, S. 27–42.
Kipp, F. (1949): Arterhaltung und Individualisierung in der Tierreihe. Verhandlungen der Deutschen Zoologen in Mainz, S. 23–27. Mainz.
Kohlbrugge, J. H. F. (1913): Historisch-kritische Studien über Goethe als Naturforscher, (1) S. 4 u. 23, Anm. 11–14; (2) S. 37. Würzburg.
Koehler, O. (1933): Das Ganzheitsproblem in der Biologie. Schriften der Königsberger Gelehrten Gesellschaft, Naturwissenschaftliche Klasse (Halle/Saale) Jg. 9, H. 7, S. 137–204.
Matile, Ph. (1973): Die heutige entscheidende Phase in der biologischen Forschung. Universitas Jg. 28, H. 5, S. 543–558.
Overhage, P. (1965): Die Evolution des Lebendigen – Die Kausalität, S. 148–168. Freiburg i. Br.
Peters, H. M. (1972): Historische, soziologische und erkenntniskritische Aspekte der Lehre Darwins. In: Gadamer, H. G. u. Vogler, P. (Hrsg.): Neue Anthropologie, Bd. 1: Biologische Anthropologie, Erster Teil, S. 326–352. Stuttgart.
Rein, H. und Schneider, M. (1964): Physiologie des Menschen. 5. Auflage, S. 602 f. Berlin.
Rensch, B. (1968): Biophilosophie auf erkenntnistheoretischer Grundlage. Stuttgart.
Smuts, J. C. (1927): Holism and Evolution. London.
Spranger, E. (1924): Psychologie des Jugendalters. 20. Auflage, (1) S. 13; (2) S. 21. Heidelberg 1949.
Schad, W. (1965): Stauphänomene am menschlichen Knochenbau. Siehe Goetheanistische Naturwissenschaft, Bd. 4 (Anthropologie).
- (1971): Säugetiere und Mensch, S. 184 ff. Stuttgart.
- (1975): Anatomie der Zerstörung. Die Drei, Jg. 45, H. 3, S. 124–127.
- (1977): Das Denken in der Naturwissenschaft als ein Weg zum Ätherischen. In: J. Bockemühl (Hrsg.): Erscheinungsformen des Ätherischen. Beiträge zur Anthroposophie Bd. 1. Stuttgart.
Schilder, F. A. (1952): Einführung in die Biotaxonomie. Jena.
Steiner, R.: Konferenz vom 21. 6. 1922. Konferenzen Rudolf Steiners mit den Lehrern der Freien Waldorfschule in Stuttgart 1919–1924, GA 300b. 1. Auflage 1975.
Strombach, W. (1968): Natur und Ordnung. München.
Vogel, L.: (1945): Das Bild der Krankheit in Natur- und Geistesanschauung Goethes, S. 9. Dissertation, Tübingen.

JOCHEN BOCKEMÜHL

Lebensrhythmen im Pflanzen- und Tierreich

Überall, wo wir es mit Leben in der Natur zu tun haben, treten uns Rhythmen entgegen. Sie werden meist als *Erscheinungen* am lebenden Organismus betrachtet, wobei man annimmt, daß man zu demjenigen, was ein lebender Organismus ist, prinzipiell keinen Zugang haben könne. Der Rhythmus ist aber das *Element* des Lebens. Ohne ihn kann kein Leben sein. Aus ihm geht alles Leben hervor. Darum kommen wir auch dem Leben der Organismen selbst näher, wenn wir uns mit ihren Rhythmen beschäftigen.

Diese Erkenntnis kann man beim denkenden Betrachten der einfachsten Naturphänomene bekommen. Die moderne Naturwissenschaft kommt ihr nur schrittweise näher, doch steht einem unbefangenen Durchdenken ihrer Ergebnisse bis in die letzten Folgen ihre eigene, auf das Materielle gerichtete Erkenntnishaltung hindernd im Wege.

In dieser Hinsicht ist bemerkenswert, daß man zum Beispiel auf der Suche nach den optimalen Wachstumsbedingungen für Pflanzen zunächst immer auf konstante Umweltwirkungen hinstrebte. Erst später kam man darauf, daß das Optimum nur im Bereich der rhythmischen Veränderung dieser Wirkungen zu finden ist.

Es ist modern geworden, sich mit Rhythmen zu beschäftigen. Besonders das Verhältnis der äußeren zu den im Organismus veranlagten Tagesrhythmen wurde in letzter Zeit bei Pflanzen und Tieren genau studiert. Bezeichnenderweise stand dabei die Frage nach dem Sitz der «inneren Uhr» im Vordergrund. Der die Rhythmik bewirkende Mechanismus wurde und wird gesucht. Die Phänomene sind aber so geartet, daß sich zum Beispiel Erwin Bünning in seinem Buche «Die physiologische Uhr» nach Erörtern aller in Frage kommender Teile einer Zelle zu dem Ausspruch gedrängt fühlt: «So müssen wir uns überlegen, ob es nicht falsch ist, eine Uhr ‹in der› Zelle zu suchen; vielleicht *ist* die Zelle eine Uhr, das heißt, es gehört zu ihrem Mechanismus möglicherweise ein Zusammenwirken aller Bestandteile der Einzelzelle.»

Man kann, angeregt durch Goethe und Rudolf Steiner, den Rhythmus in seinen verschiedenen Erscheinungsformen studieren und seine gemeinsamen Charakterzüge herausarbeiten, *ohne* dahinter nach einem bewirkenden Mechanismus zu suchen. Diese Betrachtungsweise erfordert eine Erkenntnishaltung,

die der lebendigen Idee *zumindest* eine ebensolche Realität zuerkennen kann wie den mathematisch erfaßten physikalischen Gesetzen.

Schauen wir uns zunächst im Pflanzenreich um. Die ungeheure Mannigfaltigkeit des Lebens, die uns da entgegentritt, beschränkt sich auf wenige Äußerungsformen, die sich letzten Endes alle irgendwie in den Gestaltungen der Organe abprägen. Es ist daher naheliegend, die Entwicklungsrhythmen in den Formbildungen aufzusuchen. Als Beispiel sei eine Blattfolge vom Schöllkraut gebracht (siehe Abbildung). Gehen wir dieser nach, entsprechend dem Nacheinander im Auftreten der einzelnen Blätter, so können wir schon in dieser *Aufeinanderfolge* der dem Wesen nach gleichartigen Organe einen ersten wichtigen Charakterzug eines Rhythmus finden.

Wären die Organe der äußeren Form nach genau gleich, so würde man nicht mehr von Rhythmus sprechen können. Es wäre dann zu einem bloßen Taktschlag vereinseitigt, erstarrt. Hier haben wir dagegen eine *Entwicklung* vor uns, und die Gleichheit der Organe besteht in einer ganz bestimmten Gesetzmäßigkeit der Bildung, nicht in einer äußeren Gleichheit der Form. Jede Formerweiterung eines Organs, welches auf ein einfacheres folgt, ist nach den gleichen

Grundprinzipien gebildet und stellt daher als Glied eines größeren Organs wieder ein Ganzes in einer speziellen Ausgestaltung dar (vergleiche die Blatteile vom dritten Blatt an mit dem ganzen Blatt Nr. 2). Dadurch offenbaren sich die einzelnen Organbildungen eigentlich erst als Phasen eines Rhythmus. Wir haben damit einen weiteren Charakterzug des in der Organbildung sich äußernden Rhythmus aufgefunden: jedes Glied eines Organs oder eines Organismus enthält der Möglichkeit nach das übergeordnete Ganze. Es ist selbst wieder eine Ganzheit und zeigt damit in seiner speziellen Ausgestaltung seine Zugehörigkeit zu der ihm übergeordneten Ganzheit.

Von dieser Blickrichtung her kann man nun auch erkennen, wie ein Rhythmus vom anderen überformt wird. Die einfachen Organe, die Zellen, sind zusammengefaßt in die übergeordneten Blattorgane. Diese können selbst wieder rhythmisch untergliedert sein. Andererseits steht das einzelne Blatt so in einem Verhältnis zu anderen Blättern, daß sie in ihrer Gesamtheit auf höhere Rhythmen, welche mit dem Jahreslauf zusammenhängen, hinweisen. Die ganze Pflanze ist somit eine bildhafte Offenbarung mehrerer, sich durchdringender Gestaltungsrhythmen. Je zahlreicher die sich übergreifenden Rhythmen sind, desto vielfältiger sind die Erscheinungsmöglichkeiten und desto reicher kann sich der Typus, die Idee in der Erscheinung ausgestalten.

So ist das einfachste Glied eines Organismus, die Zelle, der Gestaltungsmöglichkeit nach am reichsten. Als fertiges Organ ist sie dagegen am meisten in die Einseitigkeit, in die Form, getrieben. Schon beim Blatt (siehe Abbildung) kann man sehen, daß das zeitliche Nacheinander nicht notwendige Voraussetzung für eine rhythmische Gliederung ist. Es scheint rhythmisch gegliedert wie eine Blattfolge und entsteht doch auf einmal. Gerade in der Gleichzeitigkeit im Werden einer rhythmisch gegliederten Gestalt kann sich etwas Höheres offenbaren. Sie wird bei der Pflanze nur in einzelnen Stufen, aber nie bei ihr als Ganzes erreicht. Im Gegensatz dazu steht das Tier, wo die Organe im wesentlichen alle schon im Embryo angelegt und dann in ihrer Gesamtheit geformt und umgeformt werden. Die höchste Form, in der bei der Pflanze etwas Entsprechendes auftritt, ist die Blüte. Dort formen sich mehrere Blattorgane, gleichzeitig entstehend, zu einem Ganzen. Aber die Blüte selbst ist nur ein Glied in der Reihe der im Werden aufeinanderfolgenden Organe, die, einmal gebildet, dem Vergehen geweiht sind. Die Pflanze lebt als Ganzes nur im Herausbilden der Form. Die Form wird abgeworfen, das einmal gebildete Blatt wird welk. Es wird den Elementen übergeben. Nur im Werden kann die Pflanze in der Vereinzelung erscheinen. Im Vergehen zieht sie sich in die Allgemeinheit zurück. Damit steht sie in offener Verbindung mit der ganzen Erde.

Das Tier wird gerade dadurch zum Tier, daß es das Absterbende in seine Organisation mit aufnimmt. Ein Nebeneinander seiner Organbildungen entsteht dadurch, daß dem Herausbilden der Form ihr Abbau gegenübersteht und so die Bildung in eine Umbildung weitergeführt wird. Im rhythmischen Zusammenspiel von Aufbau und Abbau lebt das Tier. Was uns die Pflanze *bildhaft* darlebt, in der Metamorphose ihrer Gestalt als eine innerlich verfolgbare Entwicklungsbewegung im Nacheinander der Blattorgane, das wird beim Tier zur tatsächlichen Entwicklungsbewegung. Das Tier entwickelt sich als Ganzes. Seine Organe metamorphosieren sich selbst innerhalb der Entwicklung und werden nicht, einmal geformt, nach außen abgeworfen. So wird nicht wie bei der Pflanze die Form herausgebildet und dann vom Leben verlassen, sondern die Form wird nach innen genommen. Sie wird in Bewegung gehalten. So entsteht beim Tier die Grundlage für die Bildung eigener Rhythmen, wie sie im Tierleben walten, und damit auch für die freie Bewegung.

Im rhythmischen Aufleben und Abklingen der tierischen Triebe finden wir bestimmte qualitative Gesetzmäßigkeiten. Diese zeigen Entsprechungen in den Bildungsgesetzmäßigkeiten der pflanzlichen Organe und weisen damit auf ein Gemeinsames hin, das im Rhythmus lebt. Die Sprache hat hier eine alte Weisheit bewahrt, indem sie die in Bildung befindlichen Sprosse der Pflanzen mit dem gleichen Wort *Triebe* bezeichnet wie die Kräfte, welche den rhythmischen Äußerungen der Tiere zugrundeliegen.

Die rhythmischen Äußerungen der Triebe bei den Tieren sind flüchtiger als das, was uns die Pflanzen bildhaft darleben. Sie weisen aber zugleich auf eine höhere Form des Lebens hin, welche zum Träger einer Innerlichkeit gebildet ist.

Eine Fülle von Phänomenen, welche die Züge der Trieb-Rhythmen tragen, bietet das Leben der Vögel. Auch hier findet sich im Glied des einen Rhythmus der übergeordnete Rhythmus in einer speziellen Weise gespiegelt. In einem solchen Verhältnis steht zum Beispiel der Rhythmus des Tageslaufs zum Jahreslauf der Vögel.

Man beachte nur einmal den Gesang der Singvögel. Er beginnt am Morgen zu einer bestimmten Zeit im Verhältnis zum Sonnenaufgang, schwillt bald sehr stark an und klingt dann langsam im Laufe des Vormittags ab. Meist beginnt er am Nachmittag wieder langsam nach einer längeren Pause und schwillt zum späten Nachmittag hin meist noch einmal etwas an.

Entsprechend steht der Beginn des Gesanges im Jahreslauf vor der Mitte des aufsteigenden Jahres, erreicht bald seinen Höhepunkt, um gegen den Sommer hin abzuklingen. Es folgt eine stumme Zeit, auf die im Herbst ein zarter Gesang (zum Beispiel bei Grasmücken, Rotkehlchen, Staren) wieder folgen kann. Besonders auffallend ist zum Beispiel die Parallele bei den Rotkehlchen, welche sehr früh im Jahr mit ihrem Gesang beginnen und im Tageslauf ebenfalls zu den ersten Sängern gehören. Der Buchfink beginnt sowohl im Jahreslauf als auch am Morgen viel später.

Wie sich bei der Pflanze im Blattorgan in mannigfaltiger Weise ein Gesetz der Bildung offenbart, welches die ganze Pflanze beherrscht, so findet sich bei den Vögeln das «Bildungsgesetz» eines artspezifischen Rhythmus sowohl im Jahreslauf als auch im Tageslauf in fortwährenden Metamorphosen.

Diese wenigen Beispiele mögen als Anregung dienen, das Leben in der Natur nach einer bestimmten Richtung hin zu belauschen.

HENNING KUNZE

Die Gestaltentstehung bei Pflanze und Tier

Die auffallenden Unterschiede im Bau und in der Organisation von Pflanze und Tier können dazu anregen, die morphogenetischen Prozesse, die zu den jeweiligen Endgestalten führen, einer vergleichenden Studie zu unterziehen. Freilich muß man bei einer so allgemeinen Stufe der Betrachtung eine Auswahl aus der Fülle der organischen Formen vornehmen, die nur dadurch ihre Berechtigung erhält, daß sie möglichst typische Eigenschaften berücksichtigt. Der Vergleich soll sich daher auch auf die Höheren Pflanzen und die Metazoen beschränken.

Das Erfassen und innere Nachbilden der Gestaltungsvorgänge selbst wird hier als Methodik gesehen, durch die diese Phänomene als *Ausdruck* eines ganzheitlich organisierten Lebewesens erfahrbar werden. Die Beschreibung der Phänomene und ihre Anordnung ist damit nicht Selbstzweck, sondern kann dazu beitragen, den inneren Blick so auf die formschaffenden Prozesse zu lenken, daß sie wie durchsichtig für die in ihnen wirkenden Wesenskräfte werden. Ein Ansatz zu einer entsprechenden Vertiefung wird im Abschnitt 3 im Rahmen einer vergleichenden Betrachtung angestrebt.

Zunächst ist die Frage: welche Unterschiede lassen sich im Prozeß der Gestaltentstehung bei beiden organischen Systemen – Pflanze und Tier – feststellen?

1. Charakteristische morphogenetische Prozesse bei Metazoen

Die Entwicklungsvorgänge bei Metazoen sind seit den bahnbrechenden Untersuchungen von W. Roux, W. Driesch und H. Spemann Gegenstand einer umfangreichen Forschungstätigkeit. Die hierbei als besondere Problemgebiete anzusehenden Fragen der kausalen Begründung der Gestaltentstehung, der Induktionsvorgänge und der morphogenetischen Felder sollen zunächst beiseite gelassen werden, um ein klareres Bild der direkt beobachtbaren Phänomene zu entwickeln.

1.1 Zellbewegungen

Bei Schwämmen kann man beobachten, daß voll differenzierte Zellen, die künstlich getrennt werden, sich im Laufe von 2–3 Wochen wieder zu kompletten

Schwämmen zusammenfügen. Diese Rekonstitution geht so weit, daß auch die Differenzierung in Choanozyten-Kammern, Mundöffnung etc. vollständig erfolgt. Ähnliches ist auch von Wirbeltieren bekannt: so gelang es Holtfreter (1939), die Zellen einer Amphibiengastrula zu separieren; es erfolgte z.t. eine spontane Vereinigung zur Gastrula mit richtiger Lage der Keimblattschichten. Auch beim vier Tage alten Hühnerembryo ließen sich nach künstlicher Trennung von Gewebezellen charakteristische spontane Rekonstitute beobachten. Neben diesen verschiedenen experimentellen Befunden gibt es sogar ein schönes «Naturexperiment» in gleicher Richtung: bei dem Fisch *Astrofundulus* erfolgt die normale Gastrulation durch das Zusammenfügen vorher ausgeschwärmter Embryozellen. Bei der Aggregation bilden sie unmittelbar eine zweischichtige Gastrula (Sauer 1980, S. 94). Es erscheint daher berechtigt, wenn Trinkaus (1969, S. 102) feststellt, «that reconstitution by dissociated cells is a phenomenon of general biological significance».

Aus diesen Beobachtungen geht hervor, daß die tierischen Zellen nicht nur eigene Bewegungsfähigkeit besitzen, sondern daß sie auch unterschiedlich starke Affinitäten zueinander haben.

Bei Wirbeltieren spielen in der ungestörten Embryogenese die Bewegungen einzelner Zellen – wenn auch nicht immer so extrem wie bei *Astrofundulus* – eine wesentliche Rolle. So wandern z. B. Zellen der dorsalen Neuralleiste[1] beim Hühnerembryo an verschiedene Stellen, um dort ganz unterschiedliche Zelltypen zu bilden: sympathische Ganglien, Pigmentzellen, Visceralknorpel, Nierenmark, Hirnhäute. Die Zellen wandern offensichtlich gezielt, versammeln sich an bestimmten Orten und bilden dort die entsprechenden Organe. Deutlich tritt dieses Phänomen insbesondere bei den Pigmentzellen in Erscheinung. Die Farbmuster von Amphibien, die Färbungen der Vogelfeder wie auch der Säugerhaare entstehen durch wandernde Pigmentzellen, die letztlich ein artspezifisches Verteilungsmuster ausbilden. Die Urkeimzellen des Hühnerembryos wandern sogar von ihrem Entstehungsort im außerembryonalen Entoderm durch die Blutgefäße zu den Keimdrüsenanlagen in der Leibeshöhle. – Trinkaus (1969, S. 103) kommt daher zu folgendem Schluß: Der Zusammenhalt der tierischen Zellen in Geweben und Organen ist nicht die Folge ihrer Unfähigkeit, sich zu bewegen, sondern die Folge ihrer Assoziation mit gleichartigen Zellen, die auch das Ziel ihrer Bewegung ist. Dabei kann man davon ausgehen, daß aufgrund der Oberflächenbeschaffenheit der Zellen unterschiedliche Adhäsion entsteht, deren Folge Trennung bzw. Zusammenschluß der Zellen ist.

1.2 Bewegungen ganzer Zellverbände: Gastrulation, Neurulation

Bei der genauen Beschreibung der Invaginationsvorgänge beschränke ich mich vorwiegend auf die Gastrulation und Neurulation der Amphibien (vgl. Trinkaus 1969, S. 146f; Starck 1975, S. 113f; Schwarz 1973, S. 71f). Im Unterschied zu

---

1 Ein dorsal von dem Neuralrohr gelegener Zellstreifen ektodermaler Herkunft.

den oben beschriebenen Wanderungen einzelner Zellen verbleiben die Zellen der ursprünglichen Oberfläche des Keimlings (Blastula) im Zusammenhang. Die Einstülpung des Urdarms erfolgt durch eine Reihe von verschiedenen Prozessen, ist aber im wesentlichen immer ein Wandern der äußeren Zellverbände über die Lippen des Urmunds nach innen (Bild 1, I und II). Am Beginn dieser Einrollung (Involution) steht die Wanderung einiger Zellen am zukünftigen Urmund ins Innere der Blastula. Da diese Zellen an der Oberflächenschicht haften bleiben, werden sie bei ihrer Wanderung zunächst langgestreckt («Flaschenzellen»). Möglicherweise üben sie Zugkräfte auf die einwandernden Ektodermzellen aus. Auf diese Weise bildet sich der Urdarm. Anschließend verändert sich das Ektoderm durch die den Zellen innewohnende Fähigkeit zur Verbreiterung, dadurch dehnt sich die animale Hälfte aus. Gleichzeitig breitet sich das Entoderm aus, so daß es mit der Vergrößerung Schritt hält. Die zeitliche Ordnung der einzelnen Prozesse ist festgelegt. Die Fähigkeit zum Expandieren tritt in einem bestimmten Entwicklungsalter des Ekto- bzw. Entoderms auf, auch isolierte Stücke verhalten sich auf einem Substrat entsprechend. – Die Kontraktion der Flaschenzellen am Urmund und die Expansion der übrigen Ektodermzellen stellen damit gegensätzliche Formveränderungen der einzelnen Zellen dar, mit deren Hilfe die Gestaltungsbewegungen der Gastrulation ablaufen. Maßgeblich beteiligt sind dabei auch die zeitlich und räumlich geordnet auftretenden positiven und negativen Affinitäten zwischen den Zellen der verschiedenen embryonalen Schichten. Nur dadurch erklärt sich die Bildung deutlich getrennter «Keimblätter».

Der Zusammenhalt der beweglichen Zellverbände wird bei Amphibien wahrscheinlich durch eine elastische Oberflächenschicht gewährleistet, die den Keim umgibt. Ohne diese Schicht kann eine Gastrulationsbewegung nicht ablaufen. – Dagegen weisen andere Beobachtungen aber auf eine viel merkwürdigere

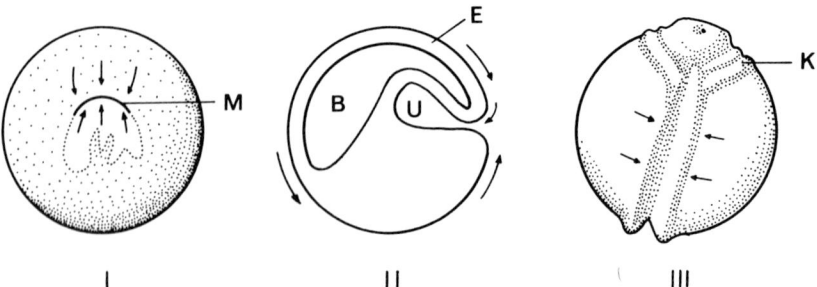

Bild 1: Morphogenetische Bewegungen bei der Gastrulation und Neurulation der Erdkröte *(Bufo bufo)*. I Involution der Zellen am Urmund, das nicht punktierte Areal bezeichnet die hellen, dotterreichen Zellen. II Längsschnitt, etwa im gleichen Stadium wie I. III Entstehung der Neuralfalten, Dorsalansicht. Die Pfeile deuten die Bewegungen des Zellmaterials an. B Blastocoel, E Ektoderm, K Kiemenanlagen, M Urmund, U Urdarm.

Tatsache hin: wie oben beschrieben, kann die Gastrula auch durch Vereinigung zunächst getrennter Zellen entstehen. Darüber hinaus läßt sich eine Gastrulationsbewegung aber auch an ungefurchten Eiern beobachten! «Selbst in unbefruchteten Eiern kann nach Entnahme aus dem Ovar durch eine Behandlung mit Progesteron innerhalb von 2–3 Tagen ein ‹Pseudourmund› entstehen, d. h. ohne vorangehende Zellteilung» (Sauer 1980, S. 163). Da hierbei noch kein grauer Halbmond ausgebildet ist (er entsteht erst nach dem Eindringen des Spermiums), scheint dieser auch nicht notwendige Bedingung für die Ausbildung eines Urmundes zu sein. Es zeigt sich an diesen Phänomenen noch deutlicher die plastizierende Kraft der Gestaltungsbewegungen beim tierischen Keim, die hier sogar eine gewisse Unabhängigkeit von dem Entwicklungszustand offenbart. Durch das Progesteron wird offensichtlich eine Beschleunigung der Entwicklung bewirkt, so daß diese Gestaltungsbewegungen an falscher Stelle innerhalb des Entwicklungsprozesses auftreten.

Bewegungen ganzer Zellverbände lassen sich auch bei anderen Invaginationen beobachten, z. B. bei der Entstehung der Augenbläschen und der Mundöffnung. Auch bei der Neurulation sind die grundlegenden Vorgänge Formveränderungen und Bewegungen von Zellen. Neuralplatte und -falten entstehen durch radiale Verlängerung der Zellen. Daraufhin bewegen sich die Neuralfalten aufeinander zu und schließen sich zusammen (Bild 1, III). Die nunmehr unter den Falten liegende Neuralplatte schließt sich zum Neuralrohr zusammen. Auch bei diesen Vorgängen sind die wirkenden Kräfte und Ursachen selbst im mechanischen Bereich noch unbekannt. Es könnte Kontraktion von Oberflächenzonen vorliegen, Wachstumsdruck durch vermehrte Zellteilungen, Zellformveränderungen oder unterschiedliche Oberflächenadhäsion. Eine experimentell gesicherte Aussage ist bisher nicht möglich. Trinkaus (1969, S. 164/165) kommentiert diesen Tatbestand mit den Worten: «Considering the importance of the problem and the beauty of the material, it is striking that so little progress has been made.»

1.3 Gestaltungsbewegungen bei der Organbildung: die Morphogenese des Säugetierherzens

Angesichts der überaus komplizierten Vorgänge bei der Herzentstehung ist es kaum möglich, in Kürze eine auch nur annähernd vollständige Beschreibung zu liefern. Vielmehr sollen hier nur exemplarisch einige Gestaltungsbewegungen angeführt werden, die die obigen Ausführungen ergänzen können und die auf das Prinzipielle hinweisen (Bild 2). Der ursprünglich einfache, gerade Herzschlauch legt sich durch Längenwachstum zunächst in eine S-förmige Schleifenform (Herzschleife). Unterschiedlich starkes Wachstum der verschiedenen Abschnitte dieser Schleife führt zur Bildung von Ventrikel und Atrium. Die Herzschleife verlagert sich dann horizontal durch entgegengesetzte Bewegungen des unteren (Sinus) und des oberen Endes (Bulbus). Daraufhin erfolgen Drehbewegungen in verschiedenen Abschnitten (Herzschwenkung), deren Ergebnis

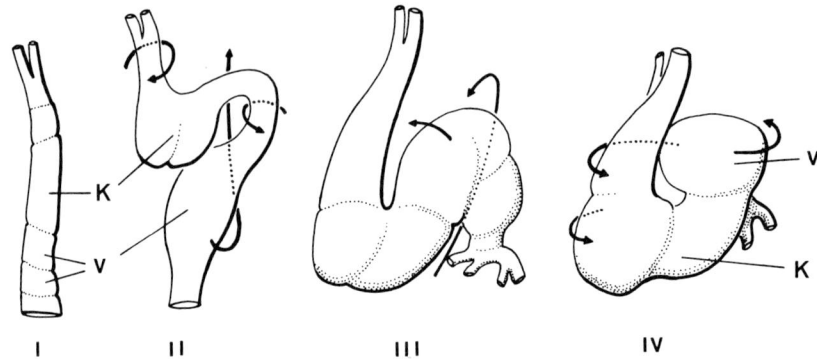

I II III IV

Bild 2: Morphogenetische Bewegungen bei der Entwicklung des Säugerherzens. Das ursprünglich gerade Herzgefäßrohr (I) krümmt sich durch verstärktes Wachstum S-förmig (Herzschleife, II). Durch allometrisches Wachstum erfolgen dabei zusätzliche Verdrillungen. In weiteren Schritten verlagert sich das untere Gefäßende nach oben (II, III) und die Vorkammern umschließen kragenförmig die Arterien (IV). K (zukünftige) Herzkammern, V (zukünftige) Vorkammer (in Anlehnung an Emschermann).

die endgültige Lage der einzelnen Herzbereiche ist. Die innere Aufteilung erfolgt durch das Einstülpen von Scheidewänden in das Hohlorgan. Hierbei finden die eigentlichen Wachstumsprozesse nicht an den die Septen liefernden Stellen statt, sondern in ihrer Umgebung, so daß weniger ein Hineinwachsen als ein Einstülpen der Scheidewände vorliegt (Starck 1975, S. 542). Beim Menschen bildet sich die Herzschleife schon beim etwa 2 mm großen Embryo, die Kammerung des Herzens ist beim ca. 17 mm langen Keim abgeschlossen.

Wir haben es hierbei also mit höchst komplizierten Gestaltungsbewegungen zu tun, die von einer einfachen röhrenförmigen Ausgangsgestalt zu dem funktionell gegliederten, vierkammrigen Säugerherzen führt. Bemerkenswert ist dabei auch die Tatsache, daß das Herz in jedem Entwicklungsstadium im Zusammenhang mit dem embryonalen Blutkreislauf funktionsfähig ist. Schon die Herzschleife pulsiert kräftig. Da auf diesem Stadium noch keine Innervation vorliegt, erfolgt die Impulsierung aus dem Muskelgewebe selbst.

Die wesentlichen morphogenetischen Prozesse bei der Herzbildung der Säuger sind demnach plastische Umgestaltungen durch Krümmungen und Drehungen des Gesamtorgans, allometrisches Wachstum und Bewegungen von Zellverbänden bei Einstülpungsvorgängen, wobei alle beteiligten Vorgänge räumlich und zeitlich harmonisch geordnet vor sich gehen.

2. *Morphogenese bei Höheren Pflanzen*

Gegenüber den oben geschilderten morphogenetischen Prozessen bei der tierischen Embryogenese sind die grundlegenden Gestaltungsvorgänge bei den

Pflanzen wesentlich einfacher und auch einheitlicher. Wir haben es bei Pflanzenformen immer mit dem Ergebnis von geordneten, aufeinander bezogenen Wachstumsprozessen zu tun. Wanderungen einzelner Zellen, Verschiebungen und plastische Verformungen ganzer Zellschichten kommen im Pflanzenreich so gut wie nicht vor. Allenfalls kann man in pflanzlichen Geweben ein gleitendes Wachstum beobachten, das durch unterschiedlich starke Streckung der aneinandergrenzenden Zellen entsteht. So wachsen z. B. die Trichoblasten in Wurzelspitzen anders als die anschließenden Langzellen, wodurch sie sich gegeneinander entlang der Mittellamelle verschieben (Schüepp 1966, S. 69f). Ähnliches geschieht auch, wenn sich die Milchzellen einer Euphorbia durch Spitzenwachstum zwischen Parenchymzellen hineindrängen. Schüepp (1966, S. 73) hält es auch für «sehr wahrscheinlich, daß auch die Zellen der Urmeristeme und der Eumeristeme sich in gleitendem Wachstum aneinander anpassen». Weiter gehen aber die Bewegungen der Zellen beim pflanzlichen Wachstum nicht, eine Bedeutung für die Gestaltbildung der Pflanzenorgane kommt ihnen kaum zu. Die oft als «Organverschiebungen» bei Pflanzen bezeichneten Metatopien (z. B. Verlagerung des Achselprodukts auf das Tragblatt oder an eine höhere Stelle der Achse) verdanken ihre Entstehung entweder einer kongenitalen Heterotopie, d. h. sie werden schon an dem vom Normalfall abweichenden Ort angelegt, oder sie entstehen durch postgenitale interkalare Wachstumsvorgänge. Dabei wird z. B. eine Achselknospe nach ihrer Anlegung durch das basal sich streckende Blattmeristem auf das Tragblatt verlagert (Troll 1964, S. 127f; Sattler 1976, S. 256). Eine gegenseitige Verschiebung verschiedener Gewebeschichten findet dabei aber nicht statt.

Wesentlich für die pflanzliche Gestaltbildung ist die Entstehung von teilungsfähigen Geweben, also Meristemen. Zum Beispiel beruht das Sproßwachstum der Höheren Pflanze auf der kontinuierlich meristematischen Eigenschaft des Sproßscheitels, durch dessen Teilungsaktivität basalwärts Zellen abgegliedert werden, die in den Dauerzustand übergehen. Die seitlich am Vegetationskegel entstehenden Blattanlagen können als Teilbereiche des Sproßscheitel-Urmeristems betrachtet werden, die durch eine «Meristemfraktionierung» aus ihm hervorgehen (vgl. Hagemann 1978, S. 700). Ein weiterer formbildender Prozeß neben der Teilungsaktivität der Meristeme beruht auf dem Streckungswachstum der etwas älteren Zellen. Vor allem Organkrümmungen haben häufig ihre Ursache in dem unterschiedlich starken Streckungswachstum von Ober- und Unterseite (vgl. Kunze 1977). – Im folgenden sollen einige Beispiele aus der Morphogenese der Höheren Pflanzen näher dargestellt werden, wobei genauer auf die hier angesprochenen zugrundeliegenden Prozesse eingegangen werden soll.

Bei der Entstehung der Blattmeristeme aus dem Urmeristem des Sproßscheitels tritt das Phänomen auf, daß die einzelnen Blattbildungsbereiche gewöhnlich in mathematisch exakter Lage um die Achse herum angeordnet sind. Das Problem der Phyllotaxis (Blattstellung) ist morphogenetisch auf die entspre-

chend geordnete Entstehung der Blattmeristeme zurückzuführen. Die weitere
Entwicklung des Blattes erfolgt dann wieder über die Meristemaktivität, wobei
in erster Linie am Blattrand liegende Meristemzonen das Breitenwachstum
besorgen. Je nach der Gestalt des Blattes kommt es dabei zu verschiedenen
Differenzierungen der Meristemaktivität; bei Fiederblättern, die auch aus einer
Anlage mit einfachem Rand entstehen, teilt sich das ursprünglich geschlossene
Randmeristem in eine Reihe von einzelnen Teilmeristemen, auch bei gekerbten
und eingeschnittenen Blättern findet ein solcher Prozeß statt, nur etwas später
in der Morphogenese (Hagemann 1970; Feldmann & Cutter 1970 a, b; Whaley
& Whaley 1942).

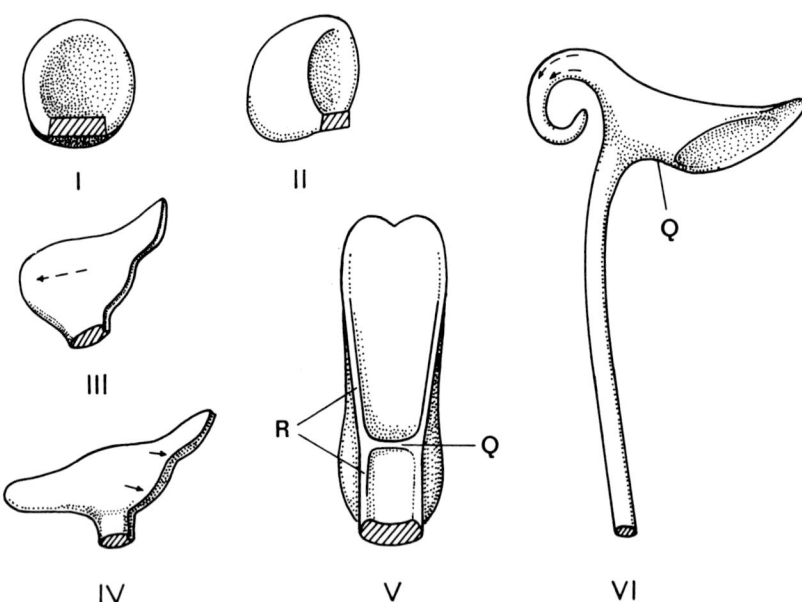

Bild 3: Entwicklung eines Honigblattes von *Aconitum septentrionale.* I und II junge
Blattanlage in Ventral- und Seitenansicht. III, IV weitere Entwicklung durch interkalare
Streckung (gestrichelte Pfeile) und Randwachstum (ausgezogene Pfeile). V Bildung einer
Querzone (Q) durch Meristeminkorporation an der Ventralseite des Blattstiels. R
ursprüngliches Randmeristem. VI Adultes Honigblatt. Durch unterschiedlich starkes
interkalares Wachstum krümmt sich der Sporn; die übrige Blattspreite wird durch die
stark vergrößerte Querzone röhrenförmig (ascidiat).

Am Beispiel der etwas komplizierter gebauten Honigblätter von *Aconitum
septentrionale* sollen die Bildungsvorgänge noch genauer dargestellt werden,
zumal es sich dabei um ein gesporntes Blatt handelt, das sich also durch die
Ausbildung eines Hohlorgans gut für einen Vergleich mit tierischen Organge-
staltungen eignet (Bild 3, VI). Die erste Anlage des Blattes, das Primordium,
erscheint als bifaziales, dorsal leicht vorgewölbtes Blättchen mit einheitlichem

Randverlauf (Bild 3, I, II). Beim weiteren Wachstum dieser Anlage treten zwei auffallende Veränderungen ein: zum einen wölbt sich die Blattfläche immer stärker nach außen, so daß allmählich eine spornartige Aussackung entsteht, zum anderen wächst das Randmeristem ungleich in verschiedenen Abschnitten. Letzteres hat zur Folge, daß die Blattspitze den seitlichen Bereichen im Wachstum voraneilt (Bild 3, III, IV), wodurch das Blatt eine langgestreckte Gestalt erhält. Das Spornwachstum beruht auf teilungsfähigem Gewebe im Blattspreitenbereich (interkalares Meristem), das eine Spreitenvergrößerung bewirkt, ohne daß die umliegenden Zonen mitwachsen, so daß die Spreite sich wölbt. An diese ersten Gestaltungsprozesse schließt sich noch ein weiterer an, der wiederum vom Randmeristem ausgeht. Der basale Teil der Blattanlage ist relativ schmal geblieben, er wird später durch Streckung zum Blattstiel. Das Blattmeristem verläuft ursprünglich vom Ansatz dieses Blattstiels um den ganzen Rand der Anlage. Es läßt sich nun während der Weiterentwicklung beobachten, daß von den beiden seitlichen Blatträndern ausgehend ein neues Meristem quer über den Blattstiel hinweg angelegt wird, so daß das Blattrandmeristem einen rundum geschlossenen Verlauf nimmt (Bild 3, V). Das so neu angelegte Meristem wird zur sogenannten Querzone des nunmehr schildförmigen (peltaten) Blattes. Auf solche sekundären Meristeminkorporationen über die Ventralseite der Blattanlage hinweg, die das ursprünglich bifaziale Blatt in ein Schildblatt umwandeln, hat Hagemann (1970) aufmerksam gemacht. Die Problematik des unifazialen Blattstiels, auf die Troll (1931) ausführlich eingegangen ist, kann hier außer Betracht bleiben.

Die als einfache röhrenförmige Gestalt erscheinende Spreite des Honigblattes von *Aconitum septentrionale* verdankt ihre Entstehung also im wesentlichen zwei unterschiedlichen Wachstumsprozessen: der interkalaren Aussackung und anschließenden Verlängerung des Sporns und dem sich zu einem Ring schließenden Randmeristem, das die Spreite in adaxialer Richtung röhrenförmig verlängert (Bild 3, VI Q). Die Blattspreite erhält dadurch insgesamt ascidiaten Charakter.

Ganz gleich, welche Blattgestalt wir betrachten, immer sind es die gleichen Grundprozesse, die zu ihrer Entstehung führen: die Entwicklung komplexer Meristemsysteme aus dem Ursprungsmeristem und die anschließende allometrisch differenzierte Teilungs- und Wachstumtätigkeit dieser Bildungszonen. So läßt sich auch die Morphogenese von Staubblättern auf die differenzierte Aktivität eines Randmeristems am ursprünglich bifazialen Primordium zurückführen, die Theken entsprechen einem verstärkten Wachstum der seitlichen Meristembereiche (Kunze 1978).

Nicht unerwähnt soll bleiben, daß es neben diesen Grundvorgängen der pflanzlichen Gestaltbildung auch sekundäre Verwachsungen gibt, die meistens zu komplexeren Gebilden führen. Gemeint ist die postgenitale Verwachsung ursprünglich isoliert angelegter Organe. Vereinzelt tritt sie z. B. an Kronblättern auf, stärkere Verbreitung kommt diesem Morphogenesefaktor lediglich im

Bereich der Fruchtblätter zu. Gewöhnlich besitzen die Karpelle eine auf postgenitale Vereinigung zurückgehende Ventralnaht, durch die sie ihre geschlossene Gestalt erhalten. Auch die Vereinigung mehrerer Karpelle zu einem synkarpen Gynoeceum kann sowohl kon- als auch postgenital erfolgen (Leinfellner 1950). Das Bedeutsame an diesem Wachstumsmodus ist, daß hiermit über die bisher beschriebenen Möglichkeiten hinaus ein Weg besteht, um getrennt Angelegtes auch bei Pflanzen im Laufe des weiteren Wachstums zu vereinen. Der Grad der Vereinigung reicht dabei von bloßer Verzahnung der Zellen über das Verschmelzen der beiderseitigen Cuticula bis zur nahtlosen Vereinigung beider Gewebeteile. Ein interessantes Beispiel liefern die Asclepiadaceen, bei denen die zwei Fruchtblätter zunächst getrennt angelegt werden, aber recht früh in der Ontogenese an der Spitze verwachsen. Diese verwachsene Griffelregion bildet später den kompliziert geformten Griffelkopf, während die darunter befindlichen Fruchtblattabschnitte nicht miteinander verwachsen.

3. Vergleichende Betrachtung der Entwicklungsprozesse bei Pflanze und Tier

Aus der Darstellung geht hervor, daß die Gestaltbildung bei Tieren auf plastizierenden, formenden Bewegungen von Zellen, Zellverbänden und Organen beruht. Wachstum ist in diese Vorgänge integriert, spielt aber nicht die Hauptrolle in der Morphogenese. Die gestaltbildende Bewegung ist am Keim sichtbar. Bei der Pflanze müssen wir dagegen die eigentliche Gestaltungskraft in der Wachstumsverteilung sehen. Die formbewirkende Bewegung und Plastizität ist nicht im Zellmaterial des embryonalen Gewebes sichtbar, sondern liegt jenseits der sichtbaren Ebene in der Bildung und Rückbildung von teilungsfähigen Geweben. Wird so bei der Pflanze immer nur die *Bildungsfähigkeit* verlagert (Anlegung von Meristemen), so verlagern sich am tierischen Keim die *Zellen* selbst.

Aus diesem Grunde kann die Pflanze einmal gebildete Formen nur durch zusätzliches Wachstum verändern. In diesem Sinn kann die Formbildung der Pflanze als *additiv* bezeichnet werden, wogegen die Gestaltentstehung bei Tieren als *plastizierend* beschrieben werden kann, in dem Sinn, daß vorhandenes Material umgeformt wird. Während die Pflanze sozusagen in ihre endgültige Gestalt hineinwächst, liegt beim Tier ein komplexer Vorgang von Wachstum, Bewegung und Verformung vor.

Mit dem «additiven Charakter» der pflanzlichen Morphogenese ist nicht gemeint, daß die Gestalt einfach das Ergebnis bestimmter Zellteilungen bzw. Zellteilungsebenen ist und dadurch additiv entsteht. Es soll nur deutlich gemacht werden, daß Formbildung dadurch stattfindet, daß vorhandene Gebilde sich durch Wachstum, also letztlich immer durch Vergrößerung, Addition, ändern. In bezug auf kausale Aspekte ist damit nichts ausgesagt. Hier zeigen sich eher umgekehrte Verhältnisse: bekanntlich lassen sich bei den

Angiospermen mehrere verschiedene Embryo-Typen klassifizieren, die auf dem unterschiedlichen Teilungsverhalten der beiden Ursprungszellen basieren (Schnarf 1931; Johansen 1950; Wardlaw 1955). Dabei lassen sich meistens für jede Art die späteren Organe (Keimblätter, Sproßspitze, Radicula) eindeutig auf bestimmte Zellen des Proembryos zurückführen (Johansen 1950). Trotz der unterschiedlichen und dabei sehr konstant auftretenden Zellteilungsmuster in der Embryogenese resultiert aber bei den Angiospermen praktisch immer die gleiche Organisation des Keimlings mit Kotyledonen, Sproß und Wurzel. Wardlaw (1955, S. 249) betont daher, «that the embryo grows as a whole and that this integrated wholeness is the phenomenon of major importance. The cellular pattern, though it exercises an effect, is essentially subordinate to the overall growth development». – Das gilt auch für die übrigen morphogenetischen Prozesse. Wardlaw, der sich ja sehr intensiv mit der pflanzlichen Morphogenese beschäftigt hat, warnt vor zu starkem partikulärem Aspekt: «For example, no one would deny the importance of cell division in the apex, or of the plane, or planes, in which the new partition walls are laid down. Yet, as it appears to the writer, this is really evidence of a more basic phenomenon: *the distribution of growth* is the major phenomenon, of which the planes of cell division are resultant manifestations» (Wardlaw 1968, S. 97). – Die Bezeichnung «additiv» dient hier nur zur Kennzeichnung des Unterschiedes zwischen pflanzlichem und tierischem Morphogenese-Prozeß.

Als allgemeine, aus der Morphogenese abgeleitete Wesenseigentümlichkeiten des Lebendigen nennt A. v. Kraft (1972, S. 39) Gestalt- und Wirkungsganzheit, innere Zeit- und Bewegungshaftigkeit und wesenhafte Prä- und Immaterialität von Bildeprozessen. Bezieht man diese Aspekte auf den hier dargestellten Vergleich von Pflanze und Tier, so fällt auf, daß jeweils die Pflanze in der Offenbarung dieser Eigenschaften hinter dem Tier zurücksteht. Die Gestalt- und Wirkungsganzheit drückt sich in einem plastizierenden Gestaltungsablauf wie der Gastrulation ganz anders aus als in der additiven Morphogenese der Pflanze. In der tierischen Entwicklung haben wir es nicht mit lokal begrenzten einzelnen Wachstumsprozessen zu tun, sondern mit umfassenden Gestaltungsvorgängen, die einen hohen Grad an Synorganisation aufweisen. Beispiele wie die *Astrofundulus*-Gastrulation und die Gastrulation der ungefurchten Eizelle zeigen auch verstärkt die relative Unabhängigkeit der Bildeprozesse gegenüber dem Material. Die Bewegungshaftigkeit bleibt bei der Pflanze auf der Ebene der Meristemanlegung und dessen Aktivitätsverteilung hinter dem sichtbaren Bildungsgeschehen verborgen, während sie beim Tier in den morphogenetischen Prozessen selbst erscheint. Bei der Pflanze kann man aus den Formen auf eine verborgene Bewegung («Bewegungs»- oder «Zeitgestalt») schließen, beim Tier ist das Zellmaterial so beschaffen, daß es diese Gestaltungsbewegungen selbst widerspiegeln kann.

Der Zusammenhang der Gestalt ergibt sich bei der Pflanze aus dem mehr oder weniger starren Verband der Zellulose-Zellwände. Die Zellen des tierischen Keims sind dagegen prinzipiell frei beweglich, ihr Zusammenhang ergibt sich nicht aus dem Aufbau eines festen, unveränderlichen Gerüsts, sondern aus ihrer Oberflächenbeschaffenheit, die Eigenschaften auf der ganzen Skala zwischen Abstoßung und Anziehung ermöglicht. Trennung und Vereinigung sind wesentliche Charakteristika der tierischen Morphogenese. Der gestaltliche Zusammenhang beruht also hier vorwiegend auf den unterschiedlichen Affinitätseigenschaften der Zellen bzw. Zelloberflächen, die sich auch im Laufe der Entwicklung ändern können. Wie oben dargestellt, gibt es bei Pflanzen nur in seltenen Fällen Vereinigungen von bereits angelegten Organen (postgenitale Verwachsungen). Aber auch dabei wird der feste gestaltliche Zusammenhang der Einzelgewebe nicht verändert, es erfolgt nur der Zusammenschluß durch Wachstum. Anziehung und Abstoßung sind der pflanzlichen Morphogenese fremd.

Wie die Pflanze einmal Gebildetes nur durch Addition neuer Teile ändern kann, so sehen wir auch im großen die Pflanze heranreifen durch immer neue Blattorgane, die schrittweise metamorphosierend der Blüte und der Fruchtreife entgegengehen. Die ontogenetisch frühen Blätter bleiben in ihrer Jugendform bestehen, erst neue Blätter können sich jeweils sukzessiv eine Stufe höher entwickeln. Beim Tier ist durch die Plastizität der Morphogenese eine simultane Entwicklung des gesamten Organismus durch alle Altersstufen bis zur Reife möglich. Keine Jugendform muß auf Grund eines starren, unveränderlichen Gewebeverbandes erhalten bleiben. Eine metamorphosierende sukzessive Entwicklung höherer Organe in der Folge von einfacheren Vorformen wie bei der Pflanze wird nicht durchlaufen.

Additiver Morphogenesetyp und sukzessive Ausbildung der Ganzheit der Gestalt ist ein Charakteristikum der Pflanze. Plastizierende Gestaltung unter dem Einfluß von Anziehung und Abstoßung sowie simultane Entwicklung kennzeichnen die höhere Stufe der Ganzheitlichkeit beim Tier.

Literatur

EMSCHERMANN, P. (1977): Entwicklung. 4. Aufl. Freiburg, Basel, Wien.

FELDMAN, L. J. u. E. CUTTER (1970): Regulation of leaf form in Centaurea solstitialis L., I und II. Bot. Gaz. 131, 31–49.

HAGEMANN, W. (1970): Studien zur Entwicklungsgeschichte der Angiospermenblätter. Bot. Jahrb. 90/3, 297–413.

– (1978): Morphologie und Anatomie der Höheren Pflanzen. Progress in Botany 40, 35–55.

HOLTFRETER, J. (1939): Gewebeaffinität, ein Mittel der embryonalen Formbildung. Arch. Experiment. Zellforsch. 23, 169–209.

JOHANSEN, D. A. (1950): Plant Embryology. Waltham, Mass.

KRAFT, A. v. (1972): Die Entstehung der Organsymmetrie bei den Amphibien – ein entwicklungsgeschichtlicher Hinweis auf die Realität des Bildekräfteleibes. Elemente d. N. 16, 34–42.

KUNZE, H. (1977): Nutation und Wachstum III. Elemente d. N. 27, 1–11.

– (1978): Typologie und Morphogenese des Angiospermenstaubblattes. Beitr. Biol. Pfl. 54, 239–304.

LEINFELLNER, W. (1950): Der Bauplan des synkarpen Gynözeums. Öst. Bot. Zeitschr. 97, 403–436.

SATTLER, R. (1976): Organverschiebungen bei Blütenpflanzen. Bot. Jahrb. Syst. 95/3, 256–266.

SAUER, H. W. (1980): Entwicklungsbiologie: Ansätze zu einer Synthese. Berlin, Heidelberg, New York.

SCHNARF, K. (1931): Vergleichende Embryologie der Angiospermen. Berlin.

SCHÜEPP, O. (1966): Meristeme. Experientia Suppl. 11. Basel/Stuttgart.

SCHWARZ, V. (1973): Vergleichende Entwicklungsgeschichte der Tiere. Stuttgart.

STARCK, D. (1975): Embryologie. 3. Aufl. Stuttgart.

TRINKAUS, J. P. (1969): Cells into Organs. The Forces that shape the Embryo. Englewood Cliffs, N.J.

TROLL, W. (1931): Über Diplophyllie und verwandte Erscheinungen in der Blattbildung. Planta 15, S. 355.

– (1964): Die Infloreszenzen, Bd. I. Stuttgart.

WARDLAW, C. W. (1955): Embryogenesis in Plants. London.

– (1968): Morphogenesis in Plants. London.

WHALEY, W. G. u. C. Y. WHALEY (1942): A developmental analysis of inherited leaf patterns in Tropaeolum. Am. J. Bot. 29, 195–200.

ANDREAS SUCHANTKE

Die Metamorphose bei Blütenpflanze und Schmetterling

«Offenbare Geheimnisse», so möchte man mit den Worten Goethes die Bildungen der Natur nennen, vielfach gebrochene Bilder der zugrunde liegenden Ideen, verdeckt, abgewandelt gleich jenen Kristallbildungen, die niemals genau, immer nur annähernd den ihnen innewohnenden, mathematisch faßbaren Gesetzen entsprechen. Sind die Ideen aber in der mineralischen Welt durch ihren statischen Charakter noch vergleichsweise leicht zu erkennen, so wird das Erfassen jener Ideen, die in organismischen Bildungen wirksam sind, durch ihre dynamische Natur, durch ihre Eigenart ständiger Wandlung erschwert.

Goethe (1790, b) macht uns aber auch darauf aufmerksam, «daß die Natur kein Geheimnis habe, was sie nicht irgendwo dem aufmerksamen Beobachter nackt vor die Augen stellt». Wollen wir uns, an Goethes Arbeiten und Goethes Methodik anknüpfend, mit dem Metamorphosegeschehen der Pflanze beschäftigen, dann erhält dieses «irgendwo» Schlüsselcharakter. Dann gilt es, jene Pflanze zu finden, die uns durch ihre Organbildung in besonderer Klarheit einen bestimmten Ausschnitt vor Augen führt. Haben wir an ihr die zugrunde liegende Gesetzmäßigkeit einmal erkannt, dann können wir diese auch in ihren stärksten Modifikationen, die uns vorher undurchschaubar waren, wiederfinden.

Ein glücklicher Umstand führte zur Auffindung zweier solcher Schlüsselphänomene, die, einander gegenseitig beleuchtend, in einer Fülle von Einzelheiten die grundlegende Übereinstimmung von Schmetterlings- und Blütenpflanzen-Metamorphose «nackt vor Augen stellt». Da Rudolf Steiner darauf hinweist, daß die Ähnlichkeit der Metamorphose der beiden doch so verschiedenartigen Lebewesen ein Ausdruck ihrer Wesenverwandtschaft sei (besonders in dem Vortragszyklus «Der Mensch als Zusammenklang des schaffenden, bildenden und gestaltenden Weltenwortes»), so erschien es reizvoll, die Verhältnisse näher zu untersuchen.

Das eine Beispiel ist die Pfingstrose *(Paeonia officinalis)* in ihrer Gartenform. Legen wir – was einer Verzerrung der wirklichen Verhältnisse gleichkommt, der klaren Übersichtlichkeit wegen aber in unserem Falle nicht zu umgehen ist – die Blätter ihrer Reihenfolge gemäß nebeneinander (vgl. Abbildung S. 44/45), so können wir schrittweise das Werden des Kronblattes aus der Region der

Laubblätter heraus verfolgen. Es beginnt mit einer kaum merklichen Verbreiterung des Blattgrundes und seiner schwach dunkelroten Verfärbung (2). Das nächste Stadium besitzt schon eine viel ausgedehntere Basis, der Blattgrund erscheint innen blaßgrün, an der Peripherie und gegen die Spreite zu dunkelrot eingefaßt (3). Bei jeder nachfolgenden Bildung ist der Blattgrund stärker verbreitert, weiter gegen das Blatt vorgeschoben und am Rande intensiver gerötet. *In einer Gegenbewegung verkürzt sich in gleichem Maße die Spreite, um schließlich als winziger Zipfel in einer Einbuchtung des Blattgrundes zu verschwinden!* Doch der Blattgrund ist bereits zu einem mächtigen, rundlich gelappten Kronblatt geworden, das sich nun seinerseits vom Stengel durch eine stielartige Verschmälerung abhebt (11). Jetzt, da auch der letzte, in (10) noch sichtbare Rest der alten Laubblattspreite verschwunden ist, ergreift die Rotfärbung das ganze Gebilde. «Den Übergang zum Blütenstande sehen wir schneller oder langsamer geschehen. In dem letzteren Falle bemerken wir gewöhnlich, daß die Stengelblätter von ihrer Peripherie herein sich wieder anfangen zusammenzuziehen, besonders ihre mannigfaltigen äußern Einteilungen zu verlieren, sich dagegen an ihren untern Teilen, wo sie mit dem Stengel zusammenhängen, mehr oder weniger auszudehnen» (Goethe 1790, a). Während der eine Impuls zu Ende läuft, beginnt ein neuer; im Maße, wie die Blattspreite «eingezogen» wird, weitet und dehnt sich der Blattgrund nach außen. Was wir sehen, ist eine Umstülpung des Blattes in bezug auf seine einzelnen Regionen.

Wird solcherart an diesem und weiterem Material, an dem sich immer wieder ähnliches zeigt, die Mannigfaltigkeit der Metamorphose vergleichend untersucht, so schält sich zum Schluß der «Typus» als Bewegungsgestalt heraus; wollten wir ihn charakterisieren, so müßten wir ihn umschreiben als identisch mit der Metamorphose in allen ihren Erscheinungsformen.

Verfolgen wir nun die Verwandlung der Raupe zum Schmetterling am Beispiel des Admiral (*Vanessa atalanta*), eines farbenprächtigen Tagfalters, der, als Zuzügler aus dem Süden, bei uns im Sommer und Herbst nicht selten ist.

Kurz vor der Verpuppung spinnt sich die Raupe an einem Zweig ein kleines Polster, an dem sie sich mit ihrem hinteren Beinpaar festheftet und nun für etwa 24 Stunden kopfabwärts hängt (A). Der leicht eingerollte Vorderkörper schwillt immer mehr an, besonders das 2. und 3. Thoraxsegment, durch dessen prall gespannte Haut es hellgrün hindurchschimmert. Endlich zerreißt die überdehnte Hülle im dorsalen Thoraxgebiet, und als erstes kommt der spitze Rückenhöcker der Puppe zum Vorschein (B). Während sich nun die alte Raupenhaut immer weiter nach hinten zusammenzieht, werden zunächst die gelbgrünen Flügelanlagen freigegeben, die wir kurz zuvor noch durch die Raupenhaut hindurchschimmern sahen (C–E).

Ist die alte Hülle vollends abgestreift, so haben wir die frisch gebildete Puppe vor uns (F). Sie trägt aber noch deutlich die Züge der Raupe, sowohl in ihrer rhythmisch segmentierten Walzenform wie in der Färbung und Zeichnung des

Hinterleibes. Wir erkennen deutlich den hellen Streifen an der Seite, der auch schon die Raupe kennzeichnet; und dort, wo vorher die weißlichen Dornen saßen, sind jetzt helle Höcker.

Aber auch das Zukünftige ist schon da, die Organe der Imago: die Flügelanlagen liegen als kompakte, noch recht formlose Polster dem Leibe an und wirken in ihrem leuchtenden Hellgrün wie Fremdkörper an der dunkelbräunlichen, hell gezeichneten «Raupe».

Beim Übergang zur definitiven Puppengestalt (F–I) verblaßt die Raupenzeichnung immer mehr. Entscheidender aber noch ist die Gestaltveränderung: die Flügelanlagen flachen sich ab und lassen die Äderung hervortreten, ihr gezackter Rand bildet sich aus, so daß sie in allem das getreulich verkleinerte

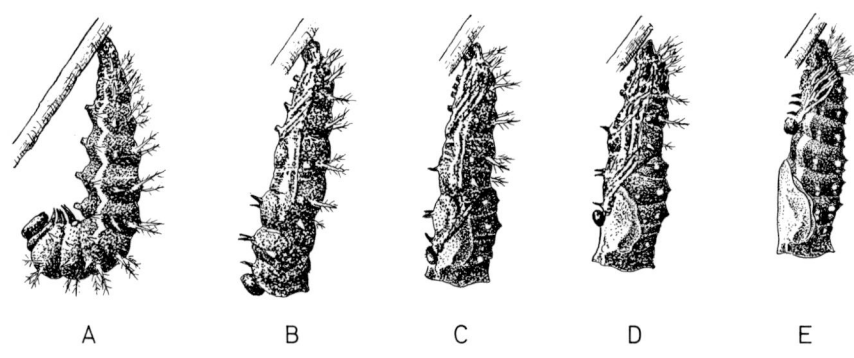

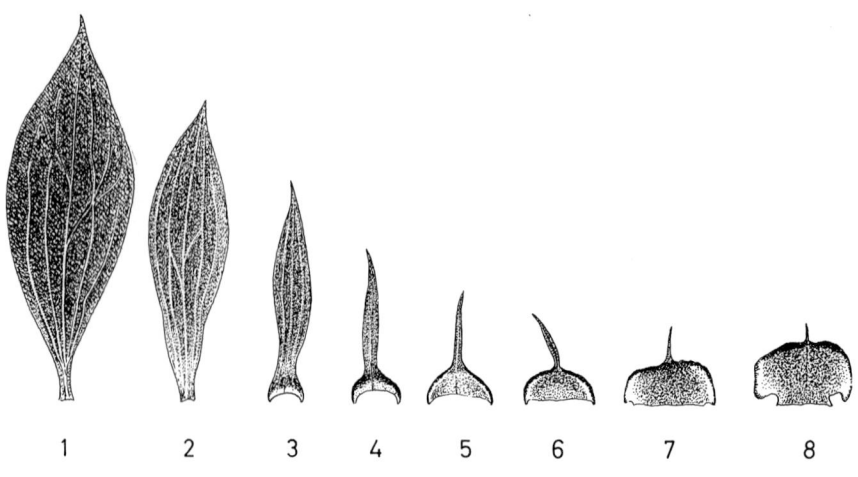

44

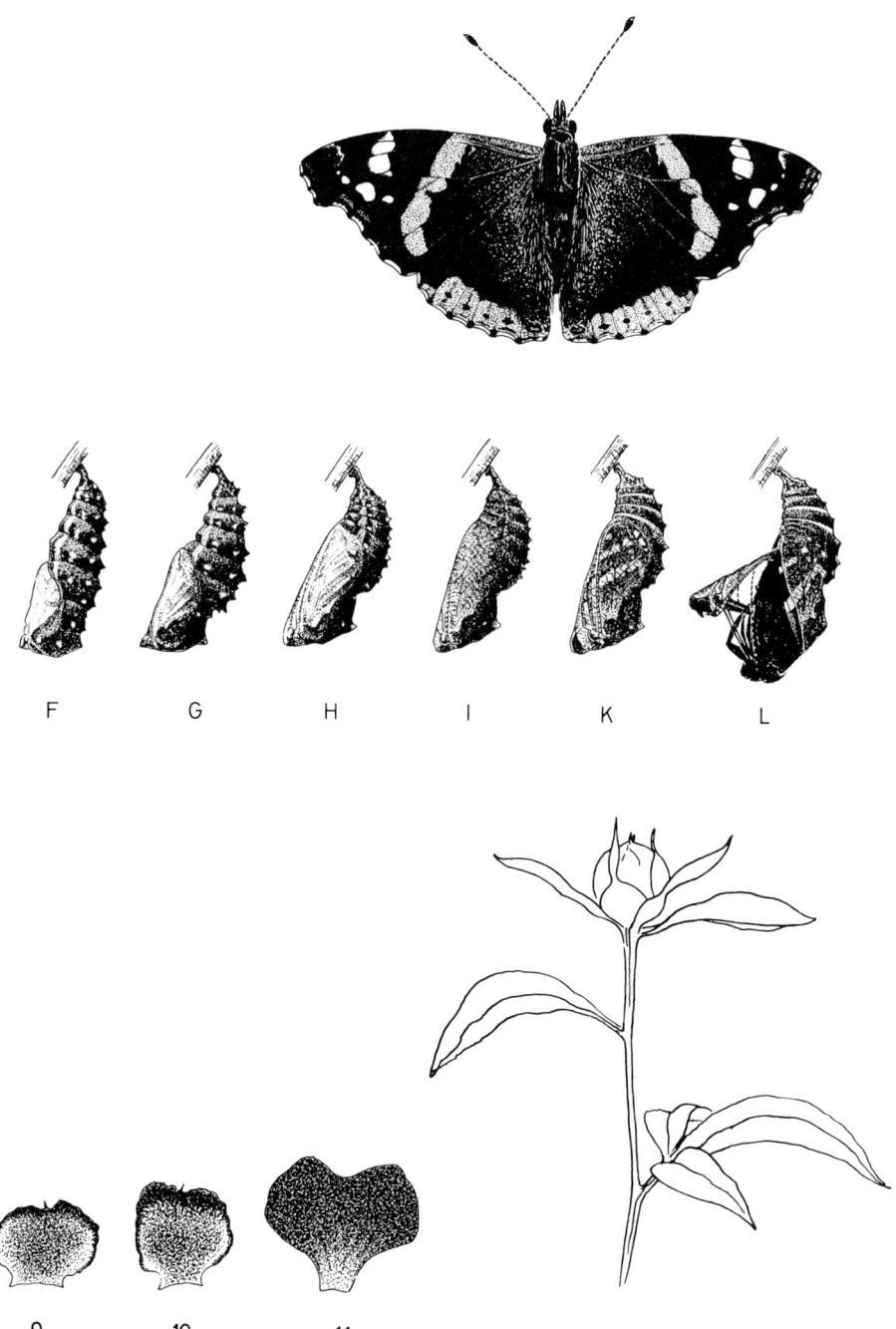

F   G   H   I   K   L

9   10   11

45

Abbild ihres späteren definitiven Zustandes sind; vor allem aber dehnen sie sich beträchtlich aus. Und gleichzeitig setzt eine starke Zusammenziehung der Hinterleibsringe ein. *Im gleichen Maße also, wie der Schmetterling «an Boden gewinnt», tritt in einer deutlichen Gegenbewegung das larvale Element zurück.*

Die Farbe der Puppe wird immer mehr ein unscheinbares Graubraun, und die derbe Kutikula läßt die Umbildungsvorgänge im Innern nicht weiter mitverfolgen (I). Das Ganze ist einer geschlossenen Knospe vergleichbar, in der sich, von außen unsichtbar, die Blütenorgane gefaltet und zusammengestaucht ausbilden. Erst am Tage vor dem Ausschlüpfen beginnt die Färbung der Flügelschuppen sichtbar zu werden und immer deutlicher durch die Hülle hindurchzuschimmern (K). Um sich aus der Puppe zu befreien, muß der Falter jenen Teil, der den Kopf, die Fühler und die angewinkelten Vorderbeine bedeckt, abstemmen (L). Die Flügel üben einen zusätzlichen Druck nach beiden Seiten aus, wodurch die Puppenkutikula auch im Rücken auseinanderbricht und der Falter der Puppe entsteigt, vergleichbar einer Blüte, die sich aus der aufgesprengten, zum Kelch geweiteten Knospe heraus entfaltet. Nach der endgültigen Befreiung beginnt die Entfaltung der Flügel, die zunächst noch weich, halb eingerollt und von höchstens halber Körperlänge sind (nicht abgebildet). Im Verlauf der nächsten Minuten kann man sie dann zu ihrer endgültigen Größe heranwachsen sehen – scheinbar, denn es sind Streckungs-, Abflachungs- und Ausbreitungsvorgänge, die mit Wachstum nichts zu tun haben.

Die Gleichartigkeit der Bildeprozesse bei Schmetterling und Pflanze ist unverkennbar. Auf der einen Seite sehen wir die Entwicklung des Kronblattes auf einer «embryonalen» Stufe bereits beginnen, wenn jene Impulse, die zur Bildung von grünen Laubblättern führen, noch keineswegs beendet sind. Dieses Ineinandergreifen zweier Phasen ist dabei kein beliebiges Überlappen, vielmehr stehen beide in einem deutlichen Spannungsverhältnis zueinander. Das findet seinen sichtbaren Ausdruck darin, daß die eine Phase in demselben Maße abnimmt, wie die andere an Boden gewinnt in verschiedenen Regionen ein und desselben in Bildung begriffenen Blattorgans.

Beim Schmetterling zeigt sich das gleiche Geschehen, wenn sich unter der Haut der heranwachsenden Raupe keimhaft die Flügelanlagen herausbilden und bei jeder Häutung ein größeres Maß an Ausdehnung gewinnen. Während sich so die imaginalen Organe ausbreiten, ziehen sich die larvalen Bildungen zusammen: jede Raupe macht vor der Verpuppung eine auffallend starke Schrumpfung durch, eine Verkürzung durch Zusammenziehung vor allem der hinteren Leibesringe (nur unsere Admiralraupe zeigt es nicht, da sie durch ihre hängende Haltung einem starken Zug ausgesetzt ist). Dieser Vorgang setzt sich, wie wir sahen, nach der Puppenhäutung fort in der extremen Kontraktion des Abdomen und dem damit parallel laufenden Verblassen der Raupenzeichnung. Im Körperinnern entspricht dem ein Abbau der larvalen Organe durch Phagocytose, einer Art Einschmelzung, wobei organisches Bildematerial anderen, heranwachsenden Organen als Nahrung zugeführt wird. Diese physiologische Seite des Geschehens finden wir auch in der Pflanze – die Blüte zehrt von den in den Blättern aufgebauten Substanzen. Bei vielen einjährigen Pflanzen können wir ja sehen, wie die Blätter während des Blühens und Fruchtens von unten nach oben absterben.

Dennoch sei kurz in Erinnerung gerufen, daß Schmetterling und Pflanze trotz allem Lebewesen auf grundverschiedenen Daseinsebenen sind. Dieser Tatbestand darf selbstverständlich auch beim Vergleich der Metamorphosen nicht übersehen werden. Bei der Pflanze bleibt die einmal gebildete Gestalt unverändert bis zu ihrem Verfall, bildefähig ist allein der noch völlig gestaltlose Vegetationskegel an der Spitze der Pflanze. Bei Raupe und Puppe wandeln sich zwar auch nicht die einzelnen Organe in andere um, wohl aber die Gestalt des Tieres als Ganzes. Kommt es also beim Tier zu einer innigen Durchdringung des gesamten Lebewesens mit den organbildenden Kräften, so berührt sich beides in der Pflanze gleichsam nur in einem Punkt.

Gerade vor dem Hintergrund dieser doch sehr unterschiedlichen Art der Verwirklichung der Metamorphose ist die grundsätzliche Gleichheit des Geschehens um so erstaunlicher.

Die Übereinstimmung im Ablauf der Metamorphose bei Schmetterling und Blütenpflanze – der Antagonismus polarer Gestaltbildungstendenzen, die sich zeitlich und räumlich so ordnen, daß das eine in dem Maße abnimmt, wie das andere an Boden gewinnt – ist wohl nicht so sehr Ausdruck innerer Wesensverwandtschaft von Pflanze und Insekt; diese drückt sich im Grunde in den beschriebenen Übereinstimmungen der verschiedenen Entwicklungsstufen viel direkter aus. *Es ist vielmehr ein Kennzeichen der Metamorphose selber* – immer wieder zeigen sich qualitativ so übereinstimmende Abläufe in den Gestaltbildungsprozessen der verschiedenartigsten Lebewesen, daß wir diese Gestaltbildung, eben die «Metamorphose», als eine Erscheinung sui generis betrachten müssen, als ein dirigierendes und impulsgebendes Wirkensgefüge: funktionell und gestaltlich polare oder komplementäre Organbildungen stehen in einem raum-zeitlichen Spannungsverhältnis, das eine wandelt sich ins andere, aber nicht durch Umformung des Organmateriales, sondern so, daß der veränderte Bildimpuls junges, noch unverbrauchtes und neutrales Material ergreift und es in dem Maße ausformt, wie der alte, vorher herrschende Impuls zu Ende geht oder abnimmt.

Überall zeigt sich dieses auf grundlegend übereinstimmende Weise. So etwa bei der Metamorphose der Lurche von der Kiemen- zur Lungenatmung: anstelle der strahlig in den Umkreis ausgebreiteten Büschelkiemen tritt die innerlich differenzierte, gekammerte Lunge. Was sich wandelt, ist die Atmung, nicht das Organ – dieses wird durch ein anderes ersetzt, das nun Ausdruck und Werkzeug der verinnerlichten Atmung ist. In dem Beitrag des Verfassers über «Konvergente Evolution des Skelettes in verschiedenen Tiergruppen» werden weitere Beispiele vorgeführt, die ein ganz analoges Geschehen beim Wechsel von sphärischem, umhüllendem Außenskelett zum radiären, strahlig gebauten Innenskelett im Ablauf der Evolution zeigen.

Die Metamorphose als Äußerungsform polarer Impulse in einem raum-zeitlichen Spannungsfeld erweist sich damit als die ideelle Gestalt des Organis-mus – der Organismus als bildender, gestaltender Impulsgeber, der sich in das zunächst ungestaltete organische Material hineinplasziert und die organische Substanz zu seinem Abbild macht. In dem Maße, wie er das leistet und in gewissem Sinne mit der organischen Substanz verschmilzt, verliert er mehr und mehr seine bildnerischen Möglichkeiten: je ausgeformter die Gestalt, desto geringer werden die Umbildungsmöglichkeiten; schließlich erlöschen sie ganz. Jetzt ziehen sich die bildenden Kräfte aus dem erstarrten Organ zurück und setzen an einer neuen, noch ungeformten Anlage an – die Lunge entsteht als Organ neu und nicht aus dem Material der Kiemen, ein fertiges Blatt wandelt sich nicht: der Bildeimpuls muß sich aus ihm herausziehen, muß frei werden, um sich wandeln zu können, und kann dann einer anderen Blattanlage seine neugewonnene Form aufprägen.

Man beachte, daß dieses Verständnis der Gestaltentstehung der heutigen Schulmeinung diametral gegenübersteht: am Anfang steht nicht ein «Kausal-filz» molekularer Kleinstschritte, die sich langsam zum makroskopischen Erscheinungsbild des Phänotyps summieren und hochschaukeln, sondern der Organismus als ideelle, vor-sinnliche Realität, als qualitativ differenzierte Ganzheit, die in das molekulare Feld eingreift und dieses mehr und mehr seiner eigenen Ordnung unterwirft.

Literatur

BOCKEMÜHL, J. (1964): Der Pflanzentypus als Bewegungsgestalt. Siehe Goetheanistische Naturwissenschaft, Bd. 2 (Botanik).

GOETHE, J. W. (1790, a): Die Metamorphose der Pflanzen. dtv-Gesamtausgabe, Bd. 39, S. 16. München 1961–63.

– (1790, b): Annalen zum Jahre 1790. dtv-Gesamtausgabe, Bd. 30, S. 12. München 1961–63.

– (1798): Elegie über die Metamorphose der Pflanzen. dtv-Gesamtausgabe, Bd. 39, S. 72. München 1961–63.

GROHMANN, G. (1959): Die Pflanze, Bd. 1, 2. Stuttgart 1981.

STEINER, R. (1923): Der Mensch als Zusammenklang des schaffenden, bildenden und gestaltenden Weltenwortes. 5. Aufl. Dornach 1978.

SUCHANTKE, A. (1965): Metamorphosen im Insektenreich. Stuttgart.

– (1968): Konvergente Evolution des Skeletts in verschiedenen Tiergruppen. Siehe Goetheanistische Naturwissenschaft, Bd. 3 (Zoologie).

WOLFGANG SCHAD

Archäopteryx lithographica –
eine Mosaikform?

Reste von Urvögeln sind bisher nur im obersten Weißjura der Fränkischen Alb
(Wellnhofer), Spaniens (Condal) und Nordamerikas (Lönnig) gefunden worden. Wer in fündigen Schichten des Schwarzen, Braunen und Weißen Jura
Fossilien gesammelt hat und dann die Plattenkalke von Langenaltheim, Solnhofen und Eichstätt aufsuchte, wird vergleichsweise enttäuscht gewesen sein. Zwar
verzeichnen die Artenlisten über 800 Arten, wenn man die winzigen Muschel-
krebse *(Ostracoden)* und Kammerlinge *(Foraminiferen)* mitzählt (Kuhn 1973).
Vor Ort aber findet man lange nichts. Nur am Blumenberg bei Eichstätt sind
zahllose Steinplatten von dem einst freischwimmenden Haarstern *Saccocoma
pectinata*, einem entfernten Verwandten der Seesterne, übersät; nicht selten sind
auch versteinerte Kothäufchen von Tintenfischen *(Lumbricaria*, Barthel 1978).
Aber gerade der Individuenreichtum bei großer Artenarmut weist – wie heute
die Salzkrebschen am Ufer des Toten Meeres oder das zahllose Sphagnum-
Moos in jedem Hochmoor – auf ziemlich lebensfeindliche Verhältnisse in jener
obersten Lage der Jurazeit hin (Malm zeta). Mag sich bei mehrstündiger Suche
noch ein Sprottenfisch *(Leptolepis sprattiformis)*, ein Garnelenkrebschen (*Aeger
elegans*) oder ein kleiner plattgedrückter Ammonit *(Oppelia)* finden lassen –
alles andere ist noch viel spärlicher oder gar selten; und zwar nicht nur deshalb,
weil die Steinbrucharbeiter sorgfältig alle wertvollen Fossilien beiseitelegen,
sondern weil auch sie erst viele Kubikmeter der Steinplatten durchblättern
müssen, bevor sie auf eine Versteinerung stoßen. Nur die ehemalige Steindruck-
industrie, die auf die hier besonders feinkörnigen Plattenkalke angewiesen war,
und heute die Verwendung von Natursteinfliesen haben den Steinbruchbetrieb
in Gang gehalten, so daß im Laufe der letzten zweihundert Jahre die reichhal-
tige Fauna bekannt werden konnte.

Es handelt sich teils um Meerestiere, teils um Süßwasser, Land und Luft
bewohnende Arten. Wir haben es also nicht mit einem gemeinsamen Biotop zu
tun, sondern die vorgefundene Lebewelt stammt aus recht verschiedenen,
zumeist benachbarten, günstigeren Lebensräumen – damals im Norden Land,
im Süden das offene Meer (die Tethys) – und hat in einer todbringenden,
wahrscheinlich übersalzigen Lagune ihre gemeinsame Grabstätte gefunden.
Nicht von einer Lebensgemeinschaft, einer Biozönose, sondern von einer Todes-
gemeinschaft, einer Thanatozönose, muß gesprochen werden. Nur *Saccocoma*

49

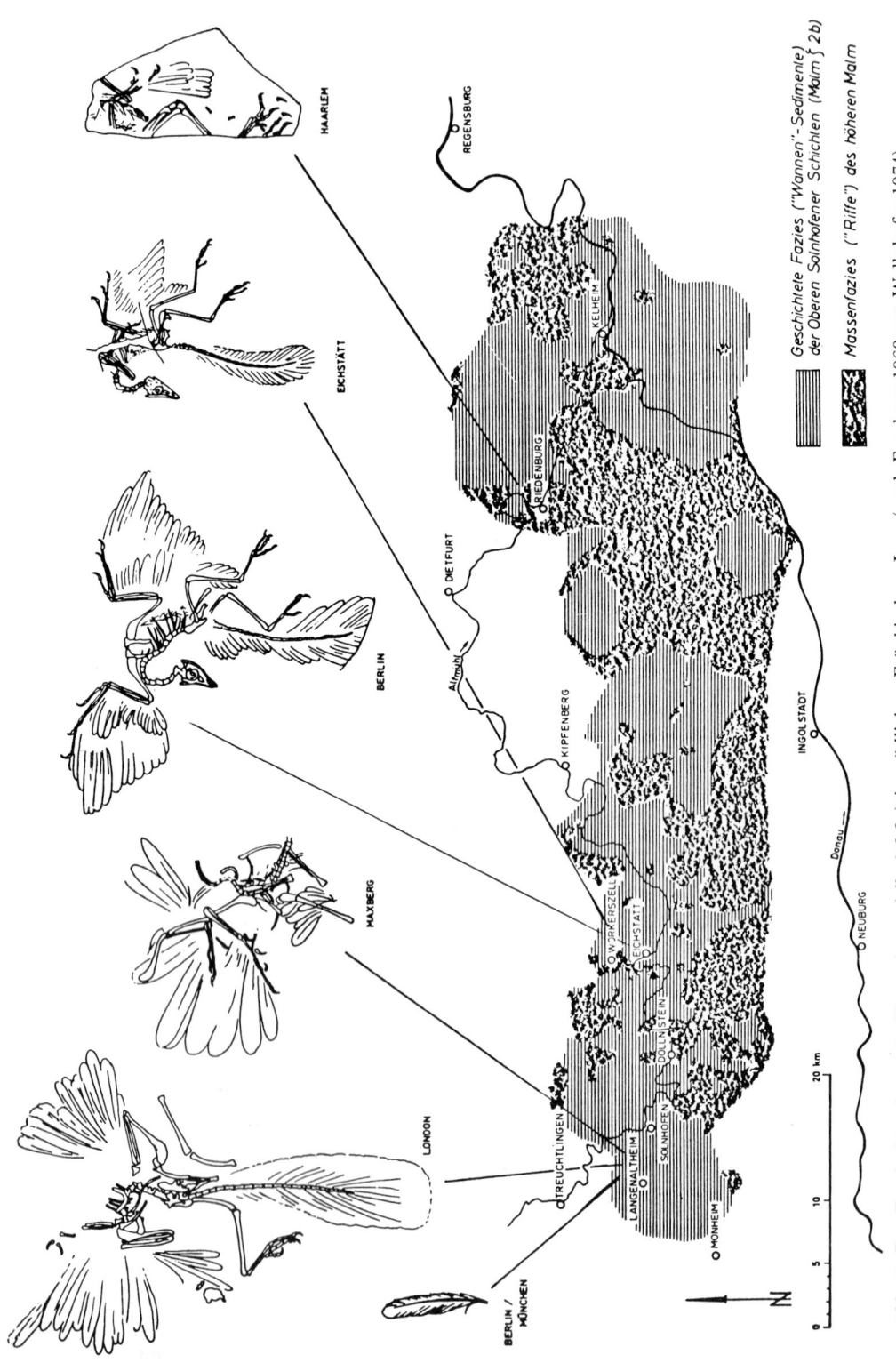

Abb. 1: Das Fundgebiet der sechs Urvogelreste (alle 1:6,3x) im südlichen Fränkischen Jura (nach Freyberg 1968 aus Wellnhofer 1974).

und *Leptolepis* sowie manche *Foraminiferen* haben als extrem stenöke Arten hier ausgehalten. Alles andere wurde mehr oder weniger eingeschwemmt oder eingeweht.

So auch die Urvögel. Wir kennen sie heute recht detailliert aus dem im folgenden aufgelisteten Fundmaterial Deutschlands:

Fund-jahr	Veröffent-lichung	Beschrei-ber	Fundort	heutiges Museum
1855	1970	Ostrom	Ottershofen? bei Riedenburg	Haarlem, Teyler-Museum
1860	1861	v. Meyer	Solnhofen	München, Bayrische Staatssammlungen; Gegenplatte: Berlin, Museum für Naturkunde der Humboldt-Universität (DDR)
1861	1863	Owen	Langenaltheim	London, Britisches Museum
1877	1884	Dames	Blumenberg bei Eichstätt	Berlin, Museum für Naturkunde der Humboldt-Universität (DDR)
1951	1973	Mayr	Workerszell bei Eichstätt	Eichstätt, Museum auf der Willibaldsburg
1956	1959	Heller	Langenaltheim	Maxberg/Solnhofen, Museum des Solnhofener Aktienvereins

Da einige Gliedmaßenknochen sich gleicherweise bei allen fünf Skelettfunden vorfinden, kann man aus den unterschiedlichen Größen das relative Alter bestimmen. Das kleinste und jüngste Exemplar ist das Eichstätter. Dann folgen das Berliner, Haarlemer und Maxberger Exemplar. Der Londoner Urvogel ist der größte und ausgewachsenste. Dafür spricht auch, daß nur das Maxberger und Londoner Exemplar das Schlüsselbein verknöchert besitzen (s. Abb. 2); bei den jüngeren Tieren war es noch unverknöchert und hat sich nicht erhalten.

Wissenschaftsgeschichtlich ist nun aufschlußreich, wie diese sechs von der Natur freigegebenen Überreste von den jeweils akuten Lehrmeinungen her gewichtet und bewertet worden sind. Das erste, schon 1855 gefundene Stück wurde gar nicht als Urvogel erkannt, sondern als ein dickfüßiger Flugsaurier (*Pterodactylus crassipes*) beschrieben (von Meyer 1857), denn um die Mitte des letzten Jahrhunderts galt allgemein die Jurazeit als die Epoche der Saurier, die der Ober-Kreide als die erste Vogelzeit und die des Tertiärs als das Säugetierzeitalter. Als weitere Erschwernis kam die schlechte Erhaltung der Federabdrücke bei jenem Exemplar dazu. Erst nach über hundert Jahren entdeckte Ostrom diesen frühen Archäopteryx-Fund in einem holländischen Museum für die Forschung.

Als 1859 Darwins epochemachendes Werk erschien und der Deszendenzgedanke bald in aller Munde war, wurden die Funde von 1860, 1861 und 1877 von aktueller Brisanz. Aber der Langenaltheimer Fund ging noch nach Eng-

51

land, weil der für die wissenschaftliche Lehrmeinung zuständige Münchner Professor J. A. Wagner noch 1861 den Vogelcharakter unbesehen ablehnte, von einem Griphosaurus (Rätselsaurier) sprach und sich nicht um den Erwerb des Fundes kümmerte. Doch bald belegten das Londoner und das Berliner Exemplar für die meisten Fachleute die Theorie des zu fordernden «connecting link» zwischen Echsen und Vögeln. Und dabei blieb es lange.

Fast achtzig Jahre blieben trotz eifrigster Suche und Aufmerksamkeit weitere Exemplare aus, bis 1951 und 1956 zwei wichtige neue Funde gelangen. Dazwischen, 1954, ohne Kenntnis der Neufunde, warf der Engländer de Beer erneut die Frage nach der phylogenetischen Wertigkeit des Urvogels auf und bezeichnete ihn keineswegs mehr als die gesuchte Zwischenform, sondern entsprechend der in die Evolutionstheorie eingedrungenen Vererbungslehre, die seit der Jahrhundertwende von der unabhängigen Vererbung der Einzelmerkmale spricht, als «Mosaikform». Diese Interpretation ist die in den heutigen biologischen Lehrbüchern verbreitete, wenn der Archäopteryx* behandelt wird.

Man hat nun versucht, den Urvogel an bestimmte fossile Echsengruppen anzuschließen, von denen er abstammen soll. Aus der Vielzahl der Ansichten, wie etwa die der Abstammung von Flugsauriern, werden heute noch fünf Hypothesen angeboten. Die Vorfahren sollen sein:

1. frühe *Pseudosuchia (Thecodontia);* Wendt 1972, Stephan 1974,
2. frühe *Crocodilia;* Walker 1972,
3. die *Coelurosauria (Saurischii)*; Ostrom 1973, Wellnhofer 1974,
4. die *Ornithischii;* Galton 1970,
5. unbekannt; Romer 1968.

Der Grund für diese Meinungsverschiedenheiten liegt in der unterschiedlichen Bewertung einzelner Merkmale für die Beurteilung der Verwandtschaftlichkeit, für die es keine sichere Ratio gibt. Bei diesem Stand der Dinge sei der Versuch einer linearen Ableitung hier nicht weiter verfolgt, sondern der evolutive Vorgang anhand der beobachtbaren Erscheinungen auf eine faktennähere Diskussionsebene gerückt.

Um jedem Leser die Übersicht zu verschaffen, seien die vorgefundenen morphologischen Einzelmerkmale des Archäopteryx im Vergleich zu den typischen heutigen Reptilien und Vögeln zuerst hier aufgeführt:

Reptilmerkmale:

1. Nähte des Schädels weitgehend offen
2. Kegelzähne im Ober- und Unterkiefer
3. Zwischenkiefer (Praemaxillaria) des Oberkiefers relativ kurz
4. Präorbitallücke getrennt von der Augenhöhle

---

* Philologisch exakt müßte es die Archäopteryx heißen, da pteryx = Feder, weiblich ist. Doch hier wird die allgemein eingebürgerte männliche Form beibehalten, denn begrifflich ging der Name der 1860 gefundenen und benannten Feder bald auf den Vogel über.

5. Nasenbeine (Nasalia) lang und weit nach vorne reichend
6. Stirnbeine (Frontalia) kurz
7. Jochbögen reptilhaft
8. Gehirn reptilhaft: Vorderhirnhemisphären schmal und klein, Mittelhirn groß, Kleinhirn hinter Mittelhirn, keine Überlagerung der Hirnteile unter sich
9. Hinterhauptsloch hoch liegend
10. amphicoele (bikonkave) Wirbel, auch im Sakralbereich
11. freie Halsrippen
12. alle Rückenwirbel untereinander frei beweglich
13. Brustkorbrippen schmal, ohne den Hakenfortsatz der Vögel, ohne Anschluß ans Brustbein
14. Brustbein klein und flach, spät verknöchernd
15. V-förmige Bauchrippen in der Haut (Gastralia) wie bei Brückenechse und Krokodilen
16. Beckenknochen wenig verschmolzen, nur mit 5 bis 6 Wirbeln verbunden (bei Vögeln 11 bis 23)
17. Schambeine in der Symphyse miteinander verwachsen
18. Schambein und Sitzbein nicht längs verwachsen
19. lange Schwanzwirbelsäule aus 20 freien Wirbeln
20. Mittelhandknochen (außer 3. Metacarpale) frei
21. drei freie Finger mit Krallen.

Übergangsmerkmale:

22. Schien- und Wadenbein gleich lang, nicht verwachsen, aber funktionell wie ein Knochen
23. Mittelfußknochen (Tarso-Metatarsus) oben miteinander verwachsen, also *ein* Fußwurzelgelenk wie bei Vögeln, zu den Zehen hin frei voneinander wie bei Reptilien (so beim ausgewachsenen Londoner und Maxberger Exemplar, beim jüngeren Berliner und Eichstätter noch insgesamt frei voneinander).

Vogelmerkmale:

24. Federn, die völlig fertig differenziert sind
25. Aufbau des Unterkiefers
26. die Gliedmaßenproportionen
27. Anfänge von Pneumatizität in den Oberarmknochen
28. schmale Schulterblätter
29. Schlüsselbein zum Gabelbein (Furcula) verwachsen
30. Oberarmknochen proximal verbreitert zum Ansatz für die Flugmuskulatur (so auch bei Ichthyornis der Oberkreide)
31. Schambeine nach hinten gerichtet und verlängert
32. Intertarsalgelenk zwischen Fuß und Unterschenkel
33. erste Zehe (Hallux) opponierbar.

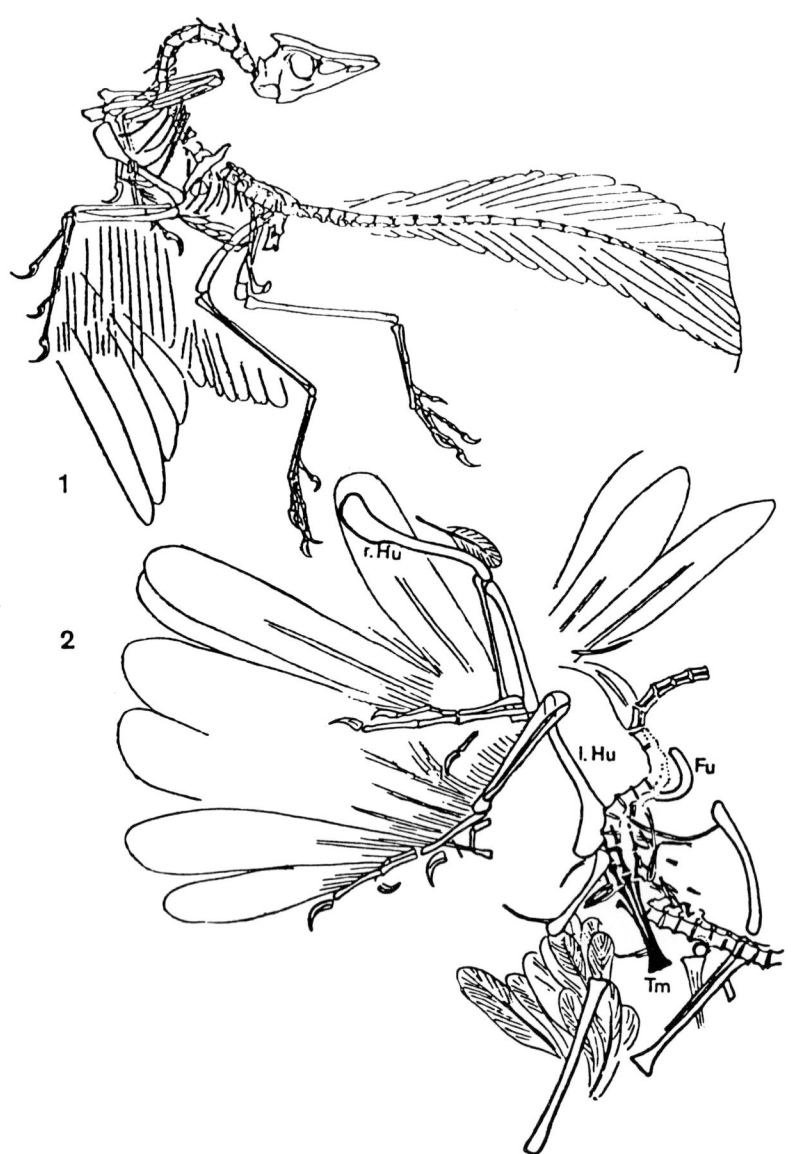

Abb. 2: Archäopteryx. Die beiden letzten, 1951 und 1956 gefundenen Exemplare: (1) das vollständige Eichstätter Exemplar (0,3x); (2) das zerfallene, kopf- und schwanzlose Maxberger Exemplar (0,37x). Übersicht aller jeweils auf der Liegend- und Hangendplatte vorhandenen Skelettelemente und Federabdrücke. Fu: Furcula (die zum Gabelbein verwachsenen Schlüsselbeine); r. Hu und l. Hu: rechter und linker Humerus (Oberarmknochen); Tm: Tarsometatarsus (gemeinsamer Fußwurzel-Mittelfußknochen). (1 nach Wellnhofer 1974, 2 nach Heller 1959.)

Daraus geht hervor, daß nur zwei von dreiunddreißig Merkmalen sich im Übergang zwischen Reptil- und Vogelzustand befinden. Der überwiegende Merkmalskomplex zeigt keine Übergänge. De Beer stellte so erst wieder heraus, daß der Urvogel de facto ja ganz anders beschaffen war, als die theoretischen Rekonstruktionsmodelle einer Übergangsform ausgefallen waren (siehe Abb. 3). Im Gegensatz zu dem postulierten Tier mit halblangen Beinen, länglich ausgezogenen Schuppen, kürzerem Hals etc. ist der Archäopteryx in der Mehrzahl seiner Merkmale tatsächlich entweder reines Reptil oder fertiger Vogel. Diese Analyse führte de Beer zur Ablehnung eines fast hundertjährigen Fachstreites: Seit 1861 hatten sechs Autoren den Archäopteryx zu den Reptilien gestellt, acht Autoren ihn als Bindeglied bezeichnet und siebenunddreißig Autoren als echten Vogel gewertet. Keine von allen drei Interpretationen trifft zu, sondern – genau genommen – alle drei zugleich, denn das Tier ist in seinen verschiedenen Organen sogar vorwiegend sowohl ein eindeutiges Reptil als auch zugleich ein fertiger Vogel gewesen und nur im kleinen Ausmaß echter Übergang.

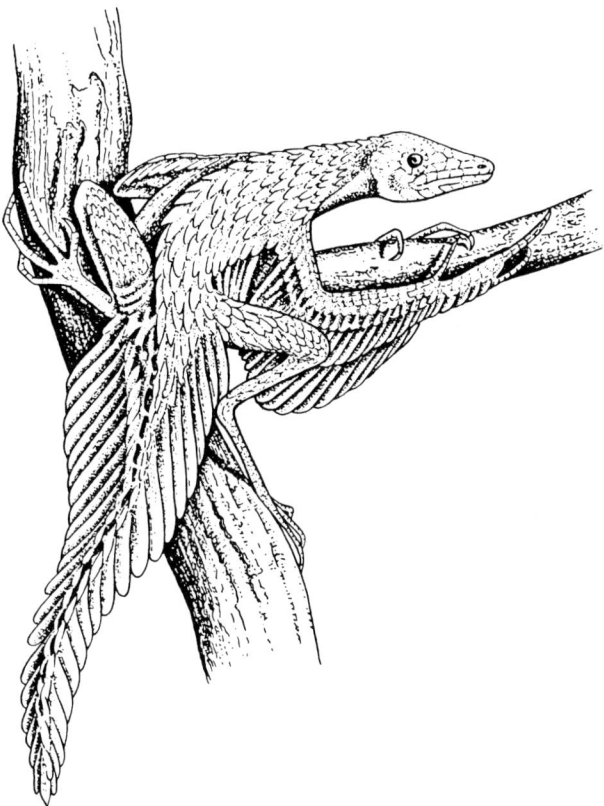

Abb. 3: Der hypothetisch konstruierte Vorvogel «Proavis» von H. Steiner 1917 (aus Stephan 1974).

De Beer griff dabei zurück auf eine Arbeit des Amerikaners Watson, der schon 1919 am Skelettbau von Seymouria, eines 1904 im unteren Perm von Texas entdeckten Tetrapoden, klare Amphibienmerkmale und ebenso eindeutige Reptilieneigenschaften aufgezeigt hatte: «In every part of its skeleton it shows a mixture of Temnospondyl (amphibian) and Reptilian characters, each recognisable, in general showing little evidence of an intermediate condition. The whole effect of its structure is that of a mosaic of separate details, some completely amphibian, some completely reptilian, and very few, if any, showing a passage leading from one to the other.»

Sieht man sich die Verteilung beider Merkmalskomplexe bei Seymouria an, so kommt zum Vorschein, daß die archaischen, also amphibischen Eigenarten sich besonders am Kopf häufen: der Schädel ähnelt noch sehr dem der Labyrinthodontier: so in der Oberflächenskulptur und dem Seitenliniensystem des Schädels, das Supraoccipitale fehlt noch, die Ohrschlitze sind tief, die Zähne faltig etc. Reptilartig und zwar speziell den Cotylosauriern sehr ähnlich ist der Rumpf- und Gliedmaßenbau: so die Wirbel mit weiten Neuralbögen und horizontalen Gelenkflächen der Zygapophysen, sowie die Anzahl der Fingerknochen (2 3 4 5 3) und der Humerusbau.

Groß (1956) und alle seine Nachfolger betrachteten nun ein solches Merkmalsmosaik als eine «bunte, unregelmäßige Mischung archaischer und differenzierter Merkmale» ohne eine «strenge Korrelation, wo eine einzige Änderung Änderungen aller übrigen Merkmale nach sich zieht». – Hier kann offensichtlich nur die Regellosigkeit oder die strenge Abhängigkeit gedacht werden, die lebendig-bewegliche Wirklichkeit des Organismus geht in diesem «Alles-oder-Nichts»-Denken verloren.

Bei genauerem Zusehen zeigt sich, daß viele bei Archäopteryx als reptilartig aufgelisteten Merkmale auch heute noch durchaus bei rezenten Vögeln vorkommen. Viele besitzen zumindest in der Kindheit kurze Halsrippen (Lamprecht). Ein flaches Brustbein ohne Crista findet sich noch – oder erneut – bei allen Straußenartigen. Die Crista fehlt auch fast ganz dem neuseeländischen Eulenpapagei, und viele große Raubvögel und Sturmvögel haben aufgrund ihrer segelnden Flugweise den Brustbeinkamm auch nur wenig entwickelt. Die Schlüsselbeine vieler Papageien und Tukane sind nicht einmal verwachsen und somit urtümlicher als bei Archäopteryx (Kuhn 1965). Rippen ohne Hakenfortsatz *(Processus uncinatus)* finden sich bei dem Wehrvogel Anhima *(Palamedea)*. Am Flügel des afrikanischen Strauß finden sich zwei gut ausgebildete und eine verkümmerte Kralle; bei den übrigen straußenverwandten Vögeln (Nandu, Emu, Casuare, Kiwi) und Flamingos wird am zweiten Finger noch eine gute Kralle ausgebildet. Selbst unter den Rallen, z. B. bei unserer Teichralle, ist

---

Abb. 4: Seymouria baylorensis aus dem unteren Perm von Texas/USA; etwa 60 cm Länge (aus Kosmos-Fossilien-Kalender 1980).

noch eine Kralle am zweiten Finger häufig nachweisbar, ebenso bei der Mehrzahl der Hühnervögel und bei vielen Raub-, Wat- und Schwimmvögeln (Parker 1889, Stephan 1974). Der südamerikanische Hoatzin *(Opisthocomus hoazin,* P.L.S. Müller 1776), ein huhnartiger Kuckucksverwandter, trägt als Küken noch zwei funktionsfähige Krallen am ersten und zweiten Finger des Flügelbugs (siehe Abb. 5 und 10), die aktiv zum Klettern im Geäst benutzt werden (Grimmer). Weiterhin hat der ausgewachsene Hoatzin nur 8 freie Handwurzelknochen und noch das deutliche Rudiment des 4. Fingers und geht damit in bezug auf die Primitivität und Reptilien-Ähnlichkeit (9 Handwurzelknochen) vor den Archäopteryx (13) zurück. Das hochgelegene, nach hinten ausgerichtete Hinterhauptloch besitzen auch die Kormorane. Lamprecht erwähnt, daß die Abtrennung der Präorbitallücke von der Orbitalhöhle (Augenhöhle) am Schädel auch bei den heutigen Papageien zu finden ist. Die Schambeine des Beckens sind beim Strauß noch verwachsen.

Einige Merkmale, die als reptilhaft gelten, finden sich also bei einer Reihe heutiger Vögel. Sind sie also Vogelmerkmale? Die Frage korrigiert sich selber, wenn wir bemerken, daß sämtliche Vögel noch immer eine Fülle an echten Reptileigenschaften haben: der hornig beschilderte federlose Fuß, der einfache Condylus (Hinterkopfgelenkhöcker), die kernhaltigen roten Blutkörperchen (trotz Warmblütigkeit), der echsenhafte Bau des Kiefergelenkes, das Vorkommen nur eines Gehörknöchelchens, die hartschaligen Eier, welche auch schon bei Schildkröten und Krokodilen stark kalkhaltig sind etc. Man könnte also danach behaupten, daß nicht nur der Archäopteryx, sondern alle Vögel Übergangsformen zwischen Reptil und Vogel sind – eine unsinnige Aussage.

Man kann nämlich ebenso eine Reihe spezifischer Vogelmerkmale schon bei Reptilien finden: die Eigenwärmebildung brütender Riesenschlangen und einiger Giftnattern, die geschlossene Herzscheidewand der Krokodile und der temporär aufgerichtete Gang auf den Hinterbeinen bei der australischen Kragenechse *(Chlamydosaurus kingi)* sowie einer ebenso australischen Agame *(Grammatophora muricata).* Hakenfortsätze der Rippen sollen von verschiedenen Reptilien bekannt sein (Stephan, S. 42). Die nach hinten gerichteten und untereinander verwachsenen Scham- und Sitzbeine des Beckens finden sich schon bei einer Reihe fossiler Saurier *(Ornithischii),* die ausschließlich auf den Hinterfüßen liefen.

Wir treffen hier durchaus nicht auf kuriose Ausnahmen, sondern auf das in seiner Allgemeingültigkeit wenig beachtete «Typologische Grundgesetz», das Meyer-Abich 1943 für alle Organismen formulierte: *«Jeder Organismus, der jemals existiert hat, heute noch existiert oder in Zukunft einmal existieren wird, stellt in seinen taxonomischen Merkmalen eine jeweils als lebendige Ganzheit in seiner spezifischen Umwelt lebensfähige Kombination von primitiven, progressiven und intermediären Merkmalen dar, ganz gleich, welches immer seine phylogenetische Entwicklungshöhe sein mag.* Ein Organismus also, der nach seiner Stellung innerhalb der organismischen Gesamtentwicklung vom sogenannten Urtier bis zum Menschen – eine Amöbe oder ein Flagellat z. B. – unbedingt als primitiv zu bezeichnen ist, ist innerhalb seiner biologischen Eigenwelt und seiner Gruppe durchaus nicht primitiv. Die Natur kennt weder absolut primitive noch absolut progressive Organismen, sondern immer nur relativ zu den verschiedenen Gruppen des natürlichen Systems mehr oder weniger primitive und mehr oder weniger progressive Organismen.»

Einmal darauf aufmerksam geworden, entdeckt man die wirklichkeitsferne Schematisierung von Evolutionsreihen in jeder linear anordnenden Systematik, und die Fülle der Beispiele treten in den Blick: Die Amöbe hat eine hochkomplizierte Mitose mit einer Vielzahl von Spindeln, so daß ihre Kernmorphologie höher als bei allen Mehrzellern entwickelt ist (Liesche). Die Chloroplasten einzelliger und vieler mehrzelliger Algen sind weitaus vielgestaltiger, abwechslungsreicher, spezialisierter und differenzierter als bei allen Bryophyten und Kormophyten. Die Nesselkapseln der cölenteraten Cnidaria sind an der unteren Basis aller Metazoen im Tierreich die höchstdifferenzierten Zellen. Das Lanzettfischchen als heutiges Schulbeispiel des primitiven Chordatenplanes besitzt keine seitensymmetrische Metamerie in der Anordnung der Spinalnerven und der myomeren Muskelpakete und ist darin viel abgeleiteter als alle Wirbeltiere einschließlich des Menschen. Die Reihe läßt sich beliebig fortsetzen.

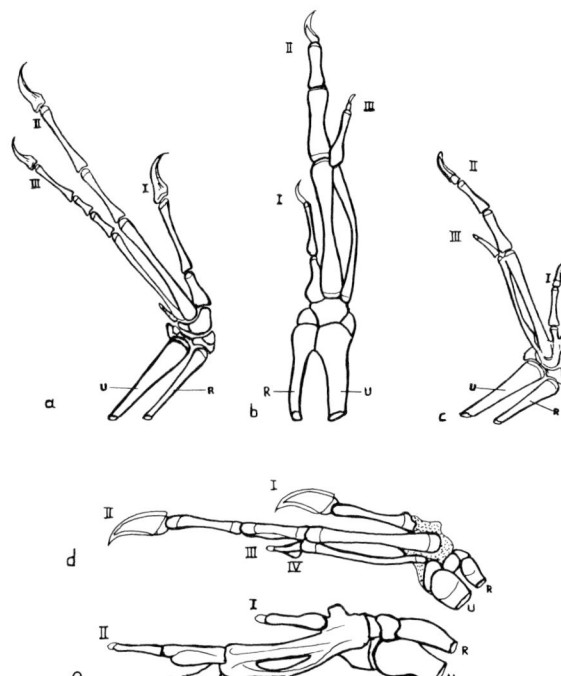

Abb. 5: Handskelette von (a) Archäopteryx; (b) Struthio (Strauß), halbwüchsig; (c) Anas (Ente), jung; (d) Opisthocomus (Hoatzin), kurz vor dem Schlüpfen; (e) adult; auf angenäherte Größe gebracht. R: Radius (Speiche); U: Ulna (Elle); I, II, III, IV: Fingerknochen. (b, d, e nach Parker 1888; a, c nach Steiner 1922; aus Stresemann.)

59

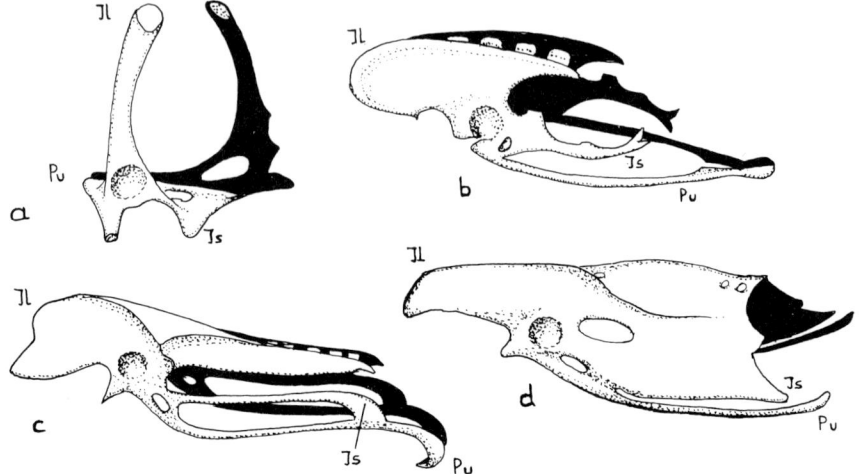

Abb. 6: Beckenskelette seitlich von links betrachtet; auf angenäherte Größe gebracht, rechte Seite schwarz. (a) Testudo (Landschildkröte); (b) Archäopteryx; (c) Struthio (afrik. Strauß); (d) Gallus (Haushuhn). Il: Ilium (Darmbein); Is: Ischium (Sitzbein); P: Pubis (Schambein). (b nach Heilmann 1926 und Boas 1930.)

Und umgekehrt: auch unbestritten hochevoluierte Formen besitzen ausgesprochen auffällige Primitivismen, wofür der menschliche Organismus mit der fünfstrahligen Hand, dem einfachen Magen, dem relativ unspezialisierten Gebiß etc. das bekannteste Beispiel ist.

Schon der Begründer der Embryologie, Carl Ernst von Baer, stellte anfangs des 19. Jahrhunderts diese «durchwachsenen» Verhältnisse in einer launigen Fiktion heraus: «Man denke sich nur, die Vögel hätten ihre Entwicklungsgeschichte studiert und sie wären es, welche nun den Bau des ausgewachsenen Säugetieres und des Menschen untersuchten. Würden nicht ihre physiologischen Lehrbücher folgendes lehren können: Jene vier- und zweibeinigen Tiere haben viel Embryonenähnlichkeit, denn ihre Schädelknochen sind getrennt, sie haben keinen Schnabel, wie wir in den fünf oder sechs [ersten] Tagen der Bebrütung; ihre Extremitäten sind ziemlich gleich unter sich, wie die unsrigen ungefähr ebenso lange; nicht eine einzige Feder sitzt auf ihrem Leibe, sondern nur dünne Federschäfte, so daß wir schon im Neste weiter sind, als sie jemals kommen können; ihre Knochen sind wenig spröde und enthalten, wie die unsrigen in der Jugend, gar keine Luft; überhaupt fehlen ihnen die Luftsäcke, und ihre Lungen sind nicht ausgewachsen, wie die unsrigen in frühester Zeit; ein Kropf fehlt ihnen ganz, Vormagen und Muskelmagen sind mehr oder weniger in einen Sack verflossen; lauter Verhältnisse, die bei uns rasch vorübergehen; und die Nägel sind bei den meisten so ungeschickt breit wie bei uns vor dem Auskriechen; an der Fähigkeit zu fliegen haben allein die Fledermäuse, die als die vollkommensten erscheinen, teil, die übrigen nicht. Und diese Säugetiere, die so lange nach der Geburt ihr Futter nicht selbst suchen können, nie sich frei vom Erdboden erheben, sollen höher organisiert sein als wir?»

Es gibt keine rein primitiven, rein intermediären und rein progressiven Organismen, sondern jedes Lebewesen besitzt im Vergleich zu seinem weiteren Verwandtschaftskreis ein Spektrum verschiedener Entwicklungshöhen. Dafür ist der Archäopteryx ein klassisches Beispiel. Aber es muß deutlich werden, daß er es nur ebenso wie jeder andere Organismus ist und daß er nur dem Gang der Wissenschaftsgeschichte seine besondere Zuwendung und Anerkennung verdankt. Die Organe innerhalb irgendeines Organismus besitzen immer verschiedene Stufen der Entwicklungsreife, ja es ist diese Eigentümlichkeit, die den Organismus überhaupt konstituiert. Die unterschiedlichen Entwicklungsgeschwindigkeiten innerhalb eines Organismus, *Heterochronie* genannt, gehören zu den bemerkenswertesten Erscheinungen des Lebens. Was sich als morphologische Entwicklungsstufung räumlich demonstriert, ist ja nur der momentane Ausschnitt seiner lebendigen Zeitorganisation. Und diese ist in der organischen Welt offenbar immer so beschaffen, daß im jeweils gegenwärtigen Leben auch Eigenschaften der Vergangenheit und Zukunft zugleich mit präsent sind. Diese Zeitordnung ist nun keineswegs ein zusammengewürfeltes Kaleidoskop, sondern funktionell ineinander abgestimmt. Wie weit diese Abstimmung auch räumlich-morphologisch in Erscheinung tritt, wollen wir am Archäopteryx verfolgen.

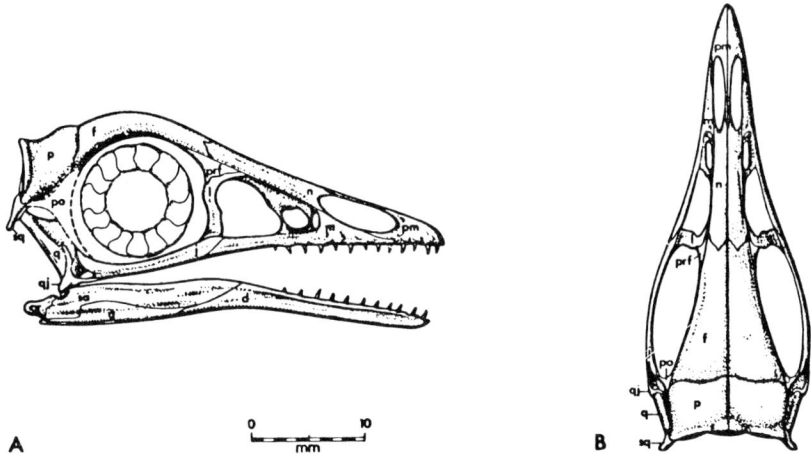

Abb. 7: Archäopteryx. Schädelrekonstruktion des Eichstätter Exemplars. a: Angulare; ar: Articulare; d: Dentale; f: Frontale; j: Jugale; l: Lacrimale; m: Maxillare; n: Nasale; p: Parietale; pm: Praemaxillare; po: Postorbitale; prf: Praefrontale; q: Quadratum; qj: Quadratojugale; s: Surangulare; sq: Squamosum; Form und Lage des Postorbitale sind nur vermutet. (Aus Wellnhofer 1974.)

61

Abb. 8: Armske-
lette von Ar-
chäopteryx und
einer rezenten
Taube (aus Steg-
mann 1937).

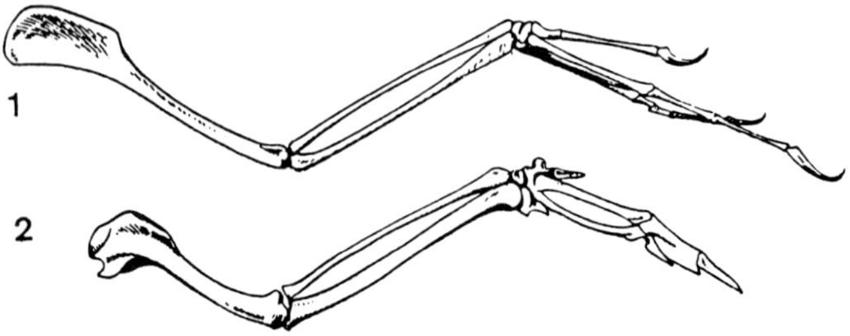

Stellen wir alle konservativen Merkmale zusammen, so finden sie sich vorwiegend im Achsensystem des Tieres. Der Schädelbau einschließlich der Gebiß-
und Gehirnbildung sind unvogelhaft, ebenso die gesamte Wirbelsäule bis in den
langen Schwanz, sowie die Bildung der Hals-, Brustkorb- und Bauchrippen und
des Brustbeines. Gerade auch die relative Rumpflänge ist noch nicht so weit
verkürzt wie bei den echten Vögeln.

Die progressiven Merkmale treten fast ausschließlich in der Leibesperipherie
auf, insofern diese durch die Hautanhänge und die Extremitäten repräsentiert
ist. Die Federbildung und die Gliedmaßenproportionen führen zu vollwertigen
Vogelflügeln und zu kräftigen Schreitfüßen.

Noch verläßlicher wird die Zusammenschau der Merkmalsgruppen, wenn
wir das Tier in der lebendigen Bewegung erfassen: Das hochliegende Hinterhauptsloch und der lange Schwanz sagen aus, daß das Tier mit tiefgehaltenem
Kopf und das Gleichgewicht ausbalancierendem langen Schwanz, reptilartig in
die Horizontale gestreckt, über den Boden rannte. Denn der Kopf wurde wohl
viel niedriger getragen als in den meisten Rekonstruktionen. Dafür spricht die
zurückgebogene Kopfhaltung der beiden frisch eingebetteten, noch nicht zerfal-
lenen Skelette vom Blumenberg und von Workerszell. Der Kopf ist jedesmal
durch die starke Tragmuskulatur während der Muskelkontraktion der Toten-
starre nach hinten gebogen worden. Einer aufrechten Kopfhaltung wäre eine
gleichmäßiger verteilte Halsmuskulatur zugekommen. Von der archaischen
waagerechten Bewegungsrichtung ist das gesamte Achsensystem morphologisch
bestimmt. – Alles aber, was das Tier in die Vertikale vom Boden abhebt, macht
die evoluierten Organformen aus: das Federkleid, der Flügelbau und der den
Körper vom Boden weit abstemmende Bein- und Fußbau. Archäopteryx ist kein
Merkmalskonglomerat, sondern zeigt eine ausgesprochene *Ordnung* in der
Verteilung reptilienhafter und vogelartiger Organausbildungen.

Die intermediären Merkmale liegen gerade dort, wo ein Organ sowohl der
Horizontal- wie der Vertikalbewegung gleichermaßen zentral zur Verfügung
steht: der Unterschenkel und Mittelfuß (s. Abb. 2), die beim Hin- und Her-
rennen am Boden und Abspringen zum Flug gleichermaßen aktiv sind. Wo sich
der axiale und periphere Komplex im Beckenbereich berühren, durchmischen
sich die Heterochronien: die Schambeine sind in der Symphyse noch miteinan-

der verbunden, aber schon wie bei den Vögeln nach hinten gerichtet und verlängert, und doch noch nicht mit den Sitzbeinen verwachsen. Bei der Artikulation der vorderen Gliedmaßen an den Rumpf bleiben beide Komplexe aber noch je säuberlich getrennt. Schlüsselbeine und Schulterblätter sind so vogelartig wie die Flügel. Das Sternum des Brustkorbes hingegen bildet noch keinen Kamm. So übernehmen die Oberarmknochen mit ihren verbreiterten proximalen Kanten den Ansatz der Flugmuskulatur – der Rumpf wird davon noch nicht berührt.

Die schon lange eingebürgerte Vorstellung, daß der Archäopteryx an Baumstämmen hochgeklettert sei, um von dort zum Flug starten zu können, ist sicherlich auszuschließen; dazu hatte er viel zu lange Hintergliedmaßen, die den Rumpf vom Stamm zu weit wegdrückten (Stellwaag, Palmgreen, H. Steiner 1962, Stephan). Baumkletternde Vögel wie Kleiber, Baumläufer und Spechte sind ausgesprochen kurzbeinig. Die langen kräftigen Beine ermöglichten dem Urvogel wohl gut, aus dem Stand oder Sprung aufzufliegen.

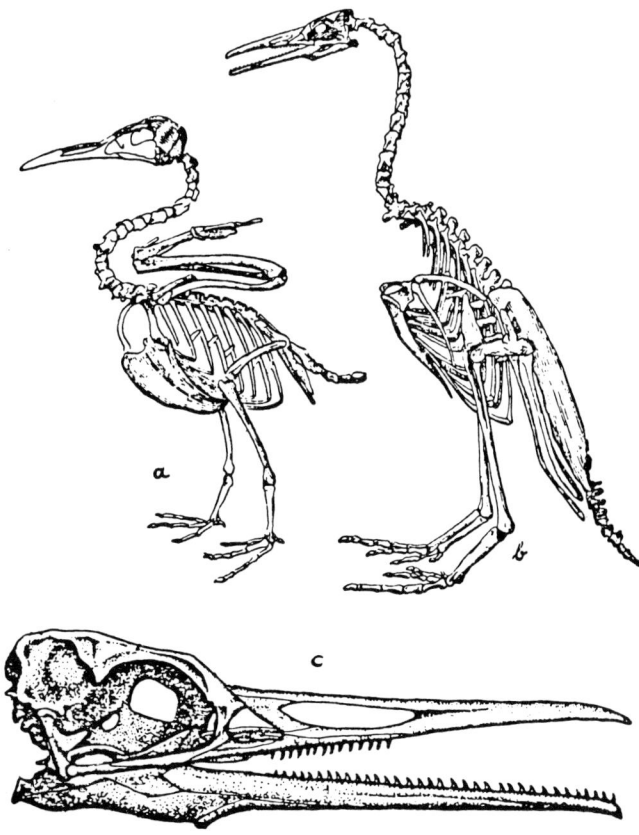

Abb. 9: Fossile Vögel aus der Oberen Kreide, Niobara-Kalke von Kansas/ USA. (a) Ichthyornis war flugfähig, ob bezahnt ist neuerdings zweifelhaft (Wurmbach); (b), (c) Hesperornis trägt mit Ausnahme des Praemaxillare in Knochenrinnen befestigte Zähne und hat bis auf den Oberarmknochen rückgebildete Vordergliedmaßen (aus Orlov 1964).

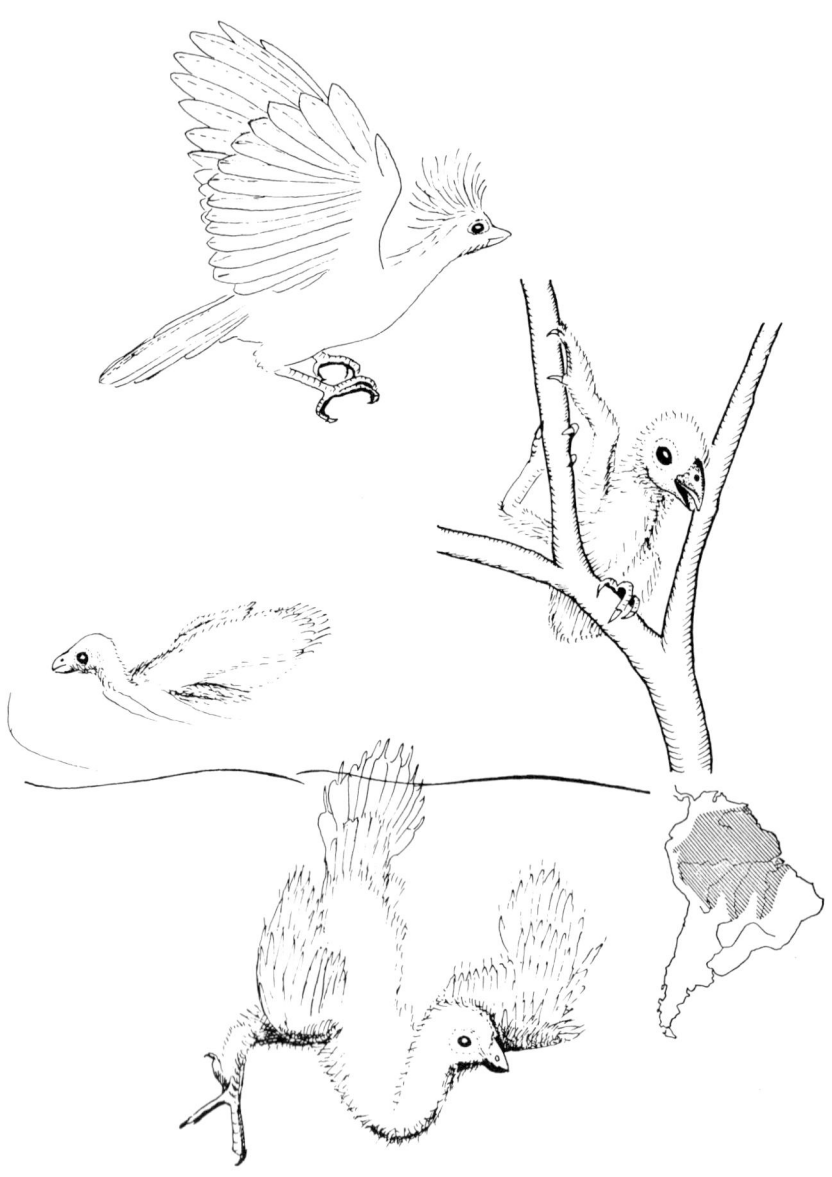

Abb. 10: Der südamerikanische Hoatzin *(Opisthocomus hoazin)* aus dem Amazonas-Orinoco-Becken kann nur kurze Zeit schwerfällig fliegen, klettert aber als Küken gut mit seinen Handkrallen, schwimmt und taucht bei Gefahr, wobei er sich unter Wasser flügelschlagend vorwärtsbewegt (nach Fotos von Grimmer 1962).

Abb. 11: Der Tschaja *(Chauna torquata)* ist einer der drei rezenten Wehrvogelarten. Je ein starker Sporn bildet sich am 1. und 2. Mittelhandknochen (aus Claus 1891).

Wozu wurden dann die Flügelkrallen eingesetzt? Mögen sie wie vom Hoatzinküken zum Klettern im Gebüsch mitbenutzt worden sein, so gehören sie doch vorzüglich beim schreitenden Bewegungsablauf funktionell mit zur axialen Ausrichtung. Wie die bezahnte Schnauze, so zielten auch sie auf das Zugreifen beim Beutefang. Sie liegen ja auch an den am weitesten nach vorne gerichteten Stellen des Flügels, die Greiffunktion der Schnauze unterstützend.

Die Bezahnung hinwiederum gibt auch über mehr Auskunft als nur über die Reptilienverwandtschaft. Die Mehrzahl unserer heutigen Echsen und Schildkröten hat eo ipso keine Zähne, und echte Kegelzähne wie Archäopteryx haben nur die Krokodile. Eine ähnliche Zahnausbildung findet sich unter den Säugetieren nur bei den Zahnwalen. Krokodile wie Zahnwale sind nun ausgesprochene Fischfresser, wofür das Kegelzahngebiß zum Festhalten der schlüpfrigen Fischhaut optimal ist. Die in den Sedimenten der Oberkreide (USA) gefundenen Zahnvögel *(Odontognathae)* stellen auch keineswegs, wie oft angeführt, Übergangsformen zu den heutigen Vögeln *(Neornithes)* dar. Finden sich doch sogleich über der letzten Weißjuraschicht schon in der Unterkreide weitgehend fertigentwickelte Flamingos (*Gallornis* aus dem französischen Neokom; Kuhn)! Die später auftretenden Zahnvögel sind flugunfähige, also rückentwickelte, hochspezialisierte Wasservögel gewesen, deren Kegelzähne wie bei Krokodilen und Delphinen allein dem Fischfang dienten.

So liegt es sehr nahe, anzunehmen, daß auch Archäopteryx sich vom Fischfang genährt hat und durchaus an der Meeresküste lebte, in deren Lagune die sechs Funde eingebettet worden waren. Sollten einmal Nahrungsreste des

Mageninhaltes am Fossil identifiziert werden, wäre diese Vermutung nachprüfbar. Das schon erwähnte, mit Fingerkrallen versehene Küken des rezenten Hoatzins schwimmt und taucht bei Gefahr ausgezeichnet (Grimmer), während die ausgewachsenen Vögel wasserscheu geworden sind, sich allerdings immer in Wassernähe aufhalten. Auch die ebenfalls südamerikanischen Wehrvögel mit ihren zwei großen spitzen Spornen an jedem Flügelbug lieben gerade die Wassernähe. Mit den ausgesprochen vom Fischfang lebenden Kormoranen hat – wie schon erwähnt – der Archäopteryx das hochgelegene Hinterhauptsloch gemeinsam. Der vom Berliner und Eichstätter Exemplar erhaltene verknöcherte Skleralring der Augen weist auch auf den Fischfang hin. Für das Sehen unter Wasser ist gegen den Wasserdruck der Skleralring besonders gut vorhanden bei den mesozoischen Fischsauriern und stoßtauchenden Flugsauriern, sowie bei den rezenten Sägern.

Bekanntlich dienen den katzenartigen Säugern die stark gebogenen, hervorstreckbaren Krallen zum Festhalten der Beute, also zur Unterstützung des Gebisses. Bei Archäopteryx sind die Krallen der Finger und Zehe etwas unterschiedlich ausgebildet: Die Fußkrallen «erreichen nicht die starke Krümmung der Handkrallen. Sie sind allgemein schwächer als diese» (Wellnhofer, S. 28). Es sind also gerade seine Handkrallen an den langen Fingern besonders gut geeignet gewesen, wie die Vorderkrallen der heutigen Katzen, beim Festhalten

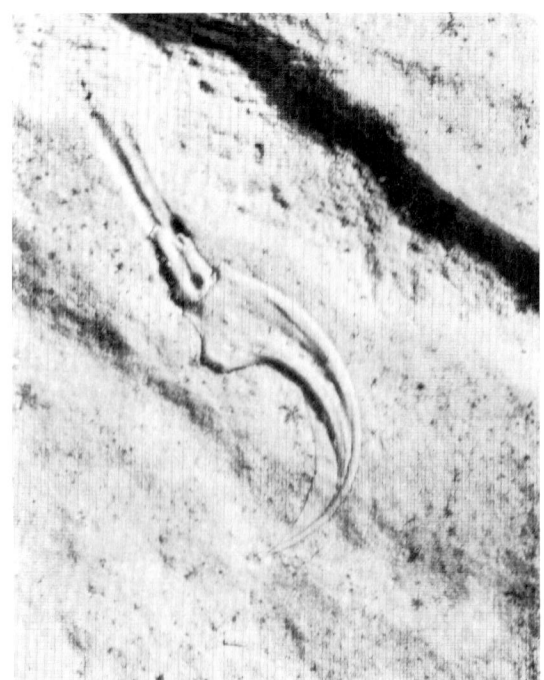

Abb. 12: Handkralle mit erhaltener Hornscheide des 3. Fingers von der linken Hand des Haarlemer Exemplars (4x; Foto S. H. Ostrom aus B. Stephan).

Abb. 13: Mutmaßliches Lebensbild von Archäopteryx, auf Nahrungssuche und im Flug. Die Bäume waren, nach Zweigfunden in den gleichen Plattenkalken, schuppenblättrige Zypressenverwandte *(Palaeocyparis princeps,* Cupressaceen).

der Beute die Greiffunktion der Zähne zu unterstützen, und sie gehören somit funktionell zu diesem Bewegungsablauf dazu, wie wir schon vermuteten.

Die heterochrone Ambivalenz der morphologischen Gesamtkonstitution legt so auch zwei unterschiedliche Verhaltensweisen nahe. In der Nahrungssuche und beim Beutefang überwog die gierartig-raubtierhafte Lebensweise, und die in erster Linie dafür eingesetzten Organe blieben urtümlich (die meisten heutigen Reptilien sind Fleischfresser), nämlich die Organe des horizontalen Achsensystems und seine Hilfsglieder. In der Verwendung der progressiven, ihn zum Vogel machenden Organisation aber wird die kriechtierhafte Bindung an die Schwere gelöst, die Lebensweise erobert den Luftraum, das Tier hebt sich in die Höhe und geht dabei einer qualitativ anderen Lebensweise nach. Zwischen beiden Aktivitätsformen wechselte der Urvogel vermutlich tageszeitenrhythmisch hin und her. Wir beobachten ja ähnliches an unseren Vögeln. Zu bestimmten Tagesstunden huscht das Rotkehlchen mausartig dicht am Boden auf der Nahrungssuche durchs Unterholz. Zu anderen Zeiten, besonders morgens und abends fliegt es hoch in die Wipfelregion und erfährt die volle Beseelung im Gesang. Unsere Amseln leben ebenso, wie leicht bemerkbar, im Wechsel dieser zwei Lebensweisen. Ob der Archäopteryx gesungen hat, wenn er sich in den Luftraum erhob und die vogelhafte Seite seiner Existenz erfuhr? Das wohl nicht, denn die lautbildenden Organe gehören zur Rumpforganisation. Und doch macht die Annahme, daß er so zwischen der reflexartigen Gier des Reptilienzustandes und dem höherbeseelten Vogeldasein abwechselte, seine so besonders prägnante ambivalente Leibesbildung erst funktionell verständlich.

Kehren wir abschließend zur Anfangsfrage zurück, ob der Archäopteryx eine Mosaikform ist, so hängt die Antwort davon ab, was mit «Mosaik» nun gemeint sein soll. Wird darunter ein technisch gerade noch funktionsfähiges Zufallskonglomerat von zusammengewürfelten und aus der Selektion übriggebliebenen Einzelmerkmalen als den Mosaiksteinchen verstanden, so stellt sich nach unserer Analyse und Synthese diese Interpretation als wissenschaftshistorisch verständliches Ergebnis der Anwendung des Mendelismus auf die Evolution heraus, aber ebenso zeitbedingt wie die jeweils vorherigen Deutungen. Nicht einmal Polygenie und Polyphänie im Sinne des erweiterten Mendelismus sind in diese Diskussion der Evolution eingebracht. – Will man unter Mosaik wie in der Kunst ein anschauliches Kunstwerk verstehen, dessen Einzelsteine ein in sich abgestimmtes Ganzes ergeben, so kommen wir der beobachtbaren Wirklichkeit zwar näher, aber es bleibt die Frage nach den Intentionen des Künstlers offen; solch ein Lamarckismus hülfe uns auch nicht weiter. Weder in dem einen noch in dem anderen Falle bringt der Ausdruck «Mosaik» einen tragfähigen Begriff ein, worauf schon Schindewolf (1957) hinwies.

Viel wichtiger ist für das bessere Verständnis des Evolutionsvorganges, was bei der Diskussion von «Merkmalsmosaiken» über die räumlichen Erscheinungsformen hinaus in der Zeitdimension an *Heterochronien* zur Sprache gekommen ist. Alle bekannt gewordenen fossilen Übergangsformen zwischen Fischen und Amphibien *(Ichthyostega)*, Amphibien und Reptilien *(Seymouria)*, Reptilien und Vögeln *(Archäopteryx)* und Reptilien und Säugern *(Ictidosauria)* zeigen prächtige Heterochronien (siehe Kuhn-Schnyder). Dasselbe gilt nämlich auch für die fossilen Vormenschenfunde. Die zwischen Menschenaffen und Mensch angesiedelten Rekonstruktionen in den phyletischen Abteilungen unserer Museen und Schulbücher leiden zwar noch am gleichen Syndrom wie Proavis: daß man theoretisch «optimale» Zwischenformen suchte und die Heterochronien nicht beachtete. Relativ gleitende Progressionen lassen sich nämlich nur für den Schädelbau finden. Die Rumpfhaltung, am fossil vorgefundenen Bekken-, Bein- und Fußbau ablesbar, war aber von vorneherein schon aufrecht; die neuerlich gefundenen extrem frühen Fußspuren von *Australopithecus afarensis* zeigten es gerade wieder (Leakey).

Die das Zentralnervensystem tragenden Organpartien sind also auch beim Menschen am konservativsten. Die Innovationen treten wie bei Archäopteryx zuerst im Gliedmaßenbereich ein und wirken sich offensichtlich erst danach im Rumpf- und Kopfbereich aus. Der Menschenvorfahr ist zuerst durch seine Gliedmaßenevolution zum Menschen geworden. Im Gegensatz zu der landläufigen Wertung des Menschen als spezialisiertes Gehirnwesen ist der Mensch durch nichts so sehr primär Mensch wie durch seine Gliedmaßen. Er ist überhaupt das vollkommenste Gliedmaßenwesen (R. Steiner). Das Gehirnvolumen zog evolutiv erst infolge der Aufrichtung und damit der Vertikalisierung seines Kopfes sekundär nach. Und ein ähnlicher evolutiver Grundzug ist auch an Archäopteryx für die heutigen Vögel ablesbar.

Literatur

BAER, C. E. von (1828): Über Entwicklungsgeschichte der Tiere, Beobachtung und Reflexion. Königsberg (Neudruck Brüssel 1967).

BARTHEL, K. W., (1978): Solnhofen, ein Blick in die Erdgeschichte. Thun.

BEER, G. R. de (1954a): Archaeopteryx lithographica – a study based upon the British Museum specimen. British Museum (Natural History), S. 1–68. London.

– (1954b): Archaeopteryx and Evolution. The Advancement of Science. No. 42, S. 160–170. London.

CONDAL, L. F. (1955): Notice préliminaire concernant la présence d'une plume d'Oiseau dans le Jurassique supérieur du Montseck (Province de Lorida, Espagne); Experientia Supplementarum III, Acta XI. Congressus internationalis ornithologici (Basel 1954). S. 268–269. Stuttgart/Basel.

DAMES, W. (1884): Über Archaeopteryx. Palaeontologische Abhandlungen, Bd. 2, H. 3, S. 119–196. Berlin.

GALTON, P. M. (1970): Ornithischian dinosaurs and the origin of birds. Evolution, Bd. 24, S. 448–461.

GRIMMER, J. L. (1962): Strange little world of the Hoatzin. National Geographic, Bd. 122, Nr. 3, S. 390–401. Washington.

GROSS, W. (1956): Über die «Watson'sche Regel». Paläontologische Zeitschrift, Bd. 30, H. 1/2, S. 30–40. Stuttgart.

HELLER, Fl. (1959): Der dritte Archaeopteryx-Fund aus den Solnhofener Plattenkalken des oberen Malm Frankens. Erlanger geologische Abhandlungen, H. 31, S. 1–25. Erlangen. Ebenso in: Journal für Ornithologie, Bd. 101, H. 1/2, S. 7–28. 1960.

KUHN, O. (1965): Die fossilen Vögel. Krailing bei München.

– (1973): Die Tierwelt des Solnhofener Schiefers. Die Neue Brehm-Bücherei, Nr. 318. Wittenberg-Lutherstadt.

KUHN-SCHNYDER, E. (1967): Paläontologie als stammesgeschichtliche Urkundenforschung. In: Heberer, G. (Hrsg.): Die Evolution der Organismen, Bd. 1, S. 350 ff. Stuttgart.

LAMPRECHT, K. (1933): Handbuch der Palaeornithologie. Berlin.

LEAKEY, M. D. (1979): Footprints in the ashes of time. National Geographic, Bd. 155, H. 4, S. 446–457. Washington.

LIESCHE, W. (1938): Kern- und Fortpflanzungsverhältnisse bei Amoeba proteus (Pall.). Archiv für Protistenkunde, Bd. 91, S. 135–186. Naumburg/Saale.

LÖNNIG, W.-E. (1975): Archaeopteryx – Paradigma evolutionistischer Fehlinterpretation. Privater Manuskriptdurck. S. 51. Stuttgart.

MAYR, F. X. (1973): Ein neuer Archaeopteryx-Fund. Paläontologische Zeitschrift, Bd. 47, H. 1/2, S. 17–24. Stuttgart.

MEYER, H. von (1857): Beiträge zur näheren Kenntnis fossiler Reptilien. Neues Jahrbuch für Mineralogie, Geologie und Palaeontologie, S. 437. Stuttgart.

– (1861): Archaeopteryx lithographica (Vogelfeder) und Pterodactylus von Solnhofen. Neues Jahrbuch für Mineralogie, Geologie und Palaeontologie, S. 678–679. Stuttgart.

MEYER-ABICH, A. (1943): Beiträge zur Theorie der Evolution der Organismen. Das typologische Grundgesetz und seine Folgerungen für Phylogenie und Entwicklungsphysiologie. Acta biotheoretica, Bd. 7, S. 1–80.

– (1949): Siehe Schlußbetrachtung in: Biologie der Goethezeit, S. 296/297. Stuttgart.

OSTROM, J.H. (1970): Archaeopteryx: Notice of a «new» specimen. Science, Bd. 170, S. 537–538.

– (1973): The ancestry of birds. Nature, Bd. 242, S. 136.

OWEN, R. (1863): On the Archaeopteryx of von Meyer, with the description of the fossil remains of a longtailed species, from the lithographic stone of Solnhofen. Phil. Trans. of the Royal Society, Bd. 153, S. 33–47. London.

PALMGREEN, P. (1937): Beiträge zur biologischen Anatomie der hinteren Extremitäten der Vögel. Fauna et Flora Fennica, Bd. 60, S. 136–161.

PARKER, W. K. (1889): On the structure and development of the wing in the common fowl. Phil. Trans. of the Royal Society (B) 179. London.

– (1895): On the morphology of a reptilian bird, Opisthocomus cristatus. Trans. of the Zoological Society, Bd. 13, Teil 2, Nr. 1. London.

ROMER, A. S. (1968): Notes and comments on vertebrate palaeontology, S. 144/145. New York.

SCHINDEWOLF, O. H. (1954): Besprechung von Beer, G. R. de: Archaeopteryx and Evolution . . . In: Zentralblatt für Geologie und Palaeontologie, Teil II, H. 1/2. Stuttgart.

– (1957): Über Mosaikenentwicklung. Neues Jahrbuch für Geologie und Paläontologie. Monatshefte, Bd. 1, S. 49–52. Stuttgart.

STEINER, H. (1917): Das Problem der Diastataxie des Vogelflügels. Zeitschrift für Naturwissenschaften, Bd. 55, S. 221–496. Jena.

– (1962): Befunde am dritten Exemplar des Urvogels Archaeopteryx. Vierteljahresschrift der naturforschenden Gesellschaft Zürich, Bd. 107, S. 197–210.

STEINER, R. (1919a): Erziehungskunst – Methodisch-Didaktisches, 7. Vortrag vom 28. 8. 1919. GA 294. Dornach 1974.

70

– (1919b): Allgemeine Menschenkunde als Grundlage der Pädagogik, 13. Vortrag vom 4. 9. 1919. GA 293. Dornach 1980.

STELLWAAG, F. (1916): Das Flugvermögen von Archaeopteryx. Naturwissenschaftliche Wochenschrift N. F. 15, S. 33–40.

STEPHAN, B. (1974): Urvögel – Archäopterygiformes. Die Neue Brehm-Bücherei. Nr. 465. Wittenberg-Lutherstadt.

STRESEMANN, E. (1927–1934): Aves. In: Kükenthal, W. (Hrsg.): Handbuch der Zoologie, Bd. 7, 2. Hälfte. Berlin.

WAGNER, J. A. (1861): Über ein neues, angeblich mit Vogelfedern versehenes Reptil aus dem Solnhofener lithographischen Schiefer. Sitzungsbericht der Bayrischen Akademie der Wissenschaften, S. 146–154. München.

WALKER A. D. (1972): New light on the origin of birds and crocodiles. Nature. Bd. 237, S. 257–263.

WATSON D. M. (1919): On Seymouria, the most primitive known reptile. Proceedings of the Zoological Society London, S. 267. London.

WELLNHOFER, P. (1974): Das fünfte Skelettexemplar von Archaeopteryx. Palaeontographica, Abt. A, Bd. 147, H. 4–6, S. 169–216. Stuttgart.

WENDT, H. (1972): Die Eroberung des Luftraumes. In: Grzimeks Tierleben, Ergänzungsband, S. 377. München.

WURMBACH, H. (1968): Lehrbuch der Zoologie, Bd. 2, S. 614. Stuttgart.

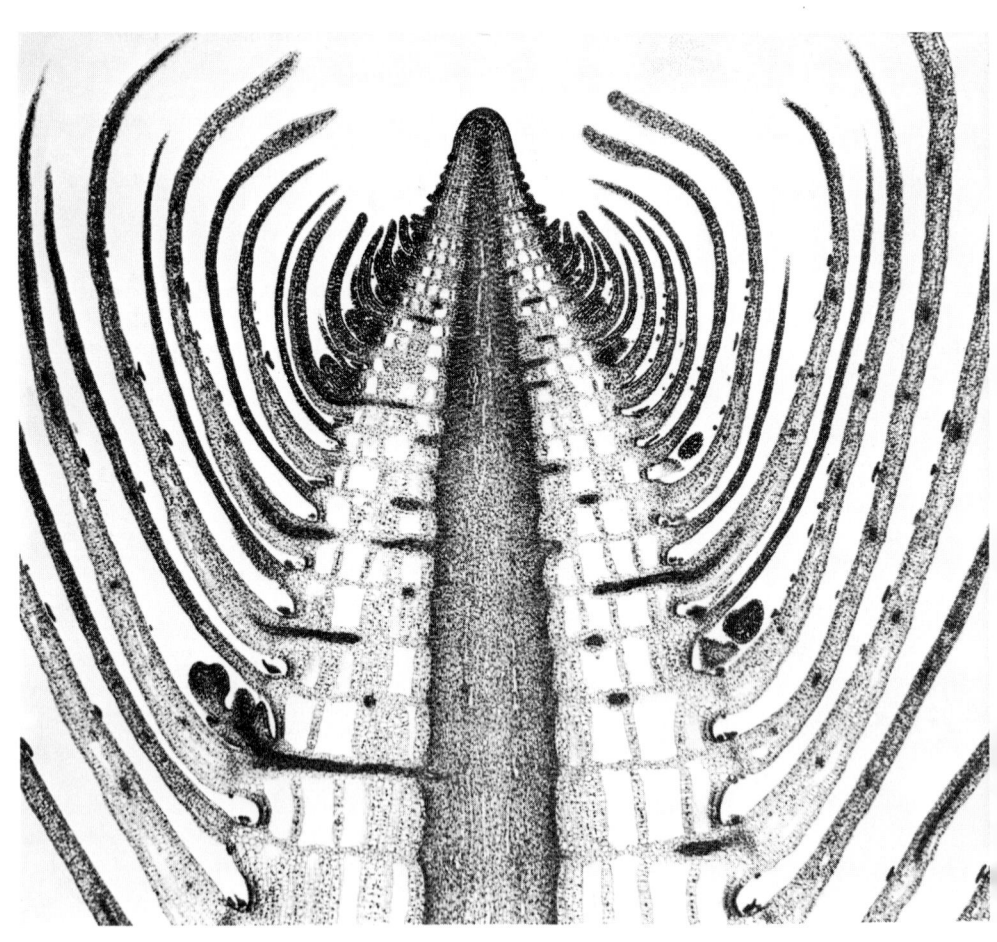

Stark vergrößerter Längsschnitt durch die Vegetationsspitze des Tannenwedels *(Hippuris vulgaris)*, einer einheimischen Unterwasserpflanze (Photo Streble).

WOLFGANG TITTMANN

Das Wachstumsauge der Pflanze als Bild der stammesgeschichtlichen Stellung des Menschen

Jeder, der die Abstammungslehre im Unterricht zu behandeln hat, weiß, wie einprägsam, ja eindringlich alle die verschiedenen Tatsachen und Gesetzlichkeiten der Stammesgeschichte (Phylogenie) durch das Bild vom «Stammbaum» zusammengefaßt werden können. Seit der Zeit Darwins und Haeckels hat sich zwar manches in der Auffassung und Darstellung der stammesgeschichtlichen Zusammenhänge geändert – geblieben ist aber auch heute noch die suggestive Kraft des Bildes vom Stammbaum. Ein Blick in die wissenschaftliche Literatur, in die Schullehrbücher und Popularisationen, ebenso wie ein Blick auf die Darstellungen in den Räumen der großen naturgeschichtlichen Museen und Sammlungen belehrt uns darüber, daß noch immer auf jenes so stark wirksame Bild zurückgegriffen wird – auf jenes Bild, das dem Wagemutigsten unter den Phylogenetikern, Ernst Haeckel, seine erste Ausgestaltung und allgemeine Breitenwirkung verdankt. Es tut dabei der weitgreifenden Wirkung des Bildes vom Stammbaum keinen Abbruch, daß Haeckels kühne Konstruktionen heute meist vom Fachmann als unexakt – oder gar als phantastisch – abgetan werden.

Die stärksten Wirkungen aber hat das Bild vom Stammbaum ausgeübt auf die Vorstellungen über das Verhältnis von Mensch und Tier – schon bei den Zeitgenossen Darwins und Haeckels, bei unseren eigenen Zeitgenossen jedoch nicht minder. Die Wirbeltiere gelten so als der höchstentwickelte Tierstamm – der Mensch aber als letzter Abkömmling der Wirbeltierreihe und als höchstentwickeltes Säugetier. Diese Vorstellung hat sich auch bei denen festgesetzt, die nicht über ein besonderes Fachwissen verfügen. Selbst auf diejenigen hat das Bild vom Stammbaum seine Wirkung nicht verfehlt, die seine Gültigkeit theoretisch zu bestreiten versuchten. Und immer wieder ist es geschehen, daß Gegner der «Tierabstammung» des Menschen mit dem «Darwinismus» auch den «Stammbaum» (die Abstammungslehre als solche) verwerfen (Edgar Dacqué 1924 und neuerdings Erich Blechschmidt 1975). Wer einmal zum Bilde vom Stammbaum ‹ja› gesagt hat, kann sich den daraus folgenden Konsequenzen nur schwer entziehen. Den Gegnern des «Darwinismus» fehlt ein entsprechend durchschlagendes, die Tatsachen ebenso sachgerecht wie wirkungsvoll veranschaulichendes Bild.

Nach einem wirkungsvollen, weil wirklichkeitsgemäßen Bild für die Abstammungsverhältnisse – vor allem auch für das Verhältnis von Mensch und Tier –

zu suchen, ist aber heute mehr denn je zu einem starken Bedürfnis geworden. Wir wissen heute, daß das landläufige Bild vom Stammbaum in mehr als einer Hinsicht unbefriedigend ist (H. Poppelbaum 1928). Von Einwänden aus konfessionellen oder weltanschaulichen Gründen ist hier nicht die Rede. Aber seit dem ersten Erscheinen solcher Schriften, wie derjenigen Karl Snells (1863, 1887) sind auch diejenigen Stimmen nicht wieder verstummt, die aus wissenschaftlichen Gründen andere als die seit Darwin und Haeckel üblich gewordenen Anschauungen über das Verhältnis von Mensch und Tier vertreten haben (L. Bolk 1926, H. Klaatsch 1922, A. Naef 1933, K. de Snoo 1942, M. Westenhöfer 1942, H. Poppelbaum 1961, A. Gehlen 1940. Weiterführende Literatur findet sich in den Werken von H. Poppelbaum 1928, F. A. Kipp 1948 und 1980 und A. Gehlen 1940. Das gewichtigste, weil von der konsequentesten und umfassendsten Anschauung getragene Wort hat aber Rudolf Steiner – in Vorträgen von 1904 bis 1924 – zu diesen Fragen gesprochen).

Den Kernpunkt des Problems hat schon Karl Snell mit staunenswerter Sicherheit ausgesprochen: «Wenn man die plumpe Frage stellte: ist der Mensch aus den Tieren hervorgegangen oder die Tiere aus dem Menschen? – so erscheint der zweite Teil dieser Alternative allerdings verrückt, wenn man dabei an den fertig ausgebildeten Menschen denkt. Wenn man aber zurückgeht auf die allmähliche Entwicklung der gesamten Lebewelt und fragt: ist das zur Menschwerdung Fähige und schließlich in der geistigen Universalität eines Vernunftgeschlechts Gipfelnde, also kurz das Menschliche, aus dem in dem Bann der stärksten Beschränkung liegenden Tierischen hervorgegangen oder ist umgekehrt aus dem zur geistigen Universalität heranreifenden Menschlichen das Tierische durch Beschränkung hervorgegangen? – so zaudern wir keinen Augenblick zu sagen: das Beschränkte ist aus dem universell Angelegten, das Tierische ist aus dem Menschlichen hervorgegangen. Hier haben Sie in zwei Worten das Unterscheidende, wodurch ich mich zu allen Vertretern der Deszendenztheorie, wie sie auch heißen mögen, in dem entschiedensten Gegensatze befinde.» («Vorlesungen über die Abstammung des Menschen», Seite 121). Karl Snell war schon vor dem Erscheinen des Darwinschen Grundwerkes ein Vertreter des Abstammungsgedankens. Im Gegensatz zu der Mehrzahl seiner von Darwin und Haeckel im positiven oder negativen Sinne beeinflußten Zeitgenossen hat er genügend Selbständigkeit und Unbefangenheit besessen, um die objektive Sonderstellung des Menschen schon in biologischer Hinsicht angemessen zu würdigen: die auffällige Ursprünglichkeit vieler seiner leiblichen Merkmale.

Der unbefangene Betrachter nimmt jederzeit wahr, daß diese Ursprünglichkeit des Menschenkörpers die Voraussetzung für die Universalität des Menschen darstellt. Sie läßt ihn aus allen anderen Lebewesen herausgehoben erscheinen. Das Menschengeschlecht verhält sich zur Gesamtheit aller Tiergeschlechter, die es heute umgeben, wie der Stamm zu den Ästen, wie der vorauszusetzende «omnipotente» Grundstamm der phylogenetischen Entwicklung zu den aus ihm (durch immer größere Spezialisationen auf der jeweiligen Entwicklungshöhe) hervorgegangenen Seitenästen. Es ist daher unmöglich, daß der Mensch vom Tier abstammen kann. Vielmehr muß sich durch die gesamte Stammesentwicklung, als das eigentliche verbindende Element, eine Kette von Wesen hindurchziehen, die infolge ihrer Ursprünglichkeit sich jene Vielseitigkeit bewahren konnten, die unter allen heute lebenden Wesen allein dem Menschen zugesprochen werden kann.

Man kann eine solche Auffassung der Stammesgeschichte eine anthropozentrische nennen. Karl Snell hat eine solche anthropozentrische Anschauung in folgender Form vertreten (das Verdienst, auf Karl Snell nachdrücklich hingewiesen zu haben, gebührt neben H. H. Frei, 1922, vor allem F. A. Kipp, 1948): «Und da dem ersten Urwesen die Fähigkeit, in seinen Nachkommen Menschen zu entwickeln, notwendig innegewohnt hat, und unter seinen nächsten Nachkommen außer anderen Geschöpfen auch solche mit derselben Fähigkeit ausgestattete Wesen sein müssen und es unter den Nachkommen dieser letzteren wieder an einem zur Menschwerdung befähigten Sproß nicht gefehlt haben darf und so weiter, so sieht man, daß die zur Menschwerdung befähigte Reihe von Geschöpfen durch das vielfach verschlungene Gewebe der Kreaturen sich wie ein goldner Faden hindurchziehen muß und daß diese durch das innere Band einer gemeinschaftlichen Fähigkeit verbundene Reihe eben den besagten Grundstamm der Schöpfung bildet, der alles andere aus den schon oben angegebenen Gründen als Abzweigungen aus sich entlassen hat.»

Wo aber ist er zu finden, dieser omnipotente Grundstamm? Wo findet man die Kette, die alle einzelnen Entwicklungs- und Spezialisationsreihen zusammenhalten soll, geologisch überliefert? Die fossilen Funde, auch diejenigen Formen, die dem Stamm des Stammbaumes am nächsten stehen und die deshalb oft als Übergangsformen der Entwicklung in Anspruch genommen werden, erweisen sich ja doch immer wieder – wie wir heute wissen – als «Spezialisationskreuzungen», stellen nicht den Stamm selber dar, sondern repräsentieren Seitenäste der Entwicklung. Der Stamm selbst ist uns nicht fossil überliefert. Das liegt aber keineswegs an der angeblichen «Lückenhaftigkeit» der paläontologischen Urkunden. Bei genauerem Zusehen bemerkt man vielmehr, daß uns der Stamm des Entwicklungsstammbaumes gar nicht fossil überliefert sein kann. Mit anderen Worten: aus der Natur der Sache heraus darf man vernünftigerweise gar nicht erwarten, daß der eigentliche stammesgeschichtliche Zusammenhang durch Versteinerungen gegeben sein könnte. Das haben einsichtige Forscher jederzeit zugegeben (vgl. z. B. bei O. H. Schindewolf, 1950 und 1969). Wir müssen sogar zugeben: die Hoffnung, den phylogenetischen Zusammenhang doch noch einmal in körperlicher Form zu entdecken, ist ebenso absurd, wie es z. B. die Erwartung wäre, die sog. Keimbahn etwa irgendwo versteinert auffinden zu können. – Der phylogenetische Zusammenhang ist deshalb nicht auffindbar, weil er in fossilisationsfähiger Form überhaupt nie existiert hat.

Mit dieser negativen Feststellung ist aber im Grunde genommen zugleich auf wichtige positive Sachverhalte hingedeutet, die nur leider bei der landläufigen Behandlung des Abstammungsproblems meist unberücksichtigt bleiben.

An dieser Stelle dürfen wir unsere Betrachtungen abbrechen. Es kann hier selbstverständlich nicht der Ort sein, eine wissenschaftliche Beweisführung vorzulegen. Dagegen soll statt aller weiteren Ausführungen ein Bild vorgelegt werden, das meines Erachtens die hier angedeuteten Tatsachen und Zusammenhänge der Stammesgeschichte ebenso korrekt wie einprägsam wiedergibt. Damit soll das oben Ausgeführte skizzenhaft in einer bestimmten Richtung weitergeführt und zugleich seiner pädagogischen Anwendung nähergebracht werden.

Das Bild vom Stammbaum kann auch heute noch beibehalten werden. Es kann auch dann beibehalten werden, wenn der stammesgeschichtlichen Wirklichkeit in höherem Maße Rechnung getragen werden soll, als das bei den üblich gewordenen Darstellungen geschieht. Aber dieses Bild muß an einem entscheidenden Punkt eine Ergänzung erfahren.

Man hat sich zu vergegenwärtigen, wie ein Baum in Wirklichkeit dazu gelangt, sich zu entwickeln, Seitenäste aus dem Hauptsproß hervorzutreiben usf. Bekanntlich geschieht dies aus dem Vegetationspunkt heraus, aus dem *Wachstumsauge*, – aus dem, was in den Knospen eingehüllt ist. Mit dem Namen «Vegetationspunkt» bezeichnet der Botaniker das lebendige und gleichsam schöpferische Wachstumszentrum in der Knospe. Bei der mikroskopischen Untersuchung erweist sich das darin befindliche Gewebe als aus lauter embryonalen, omnipotenten Zellen bestehend. Diese sind relativ kleine Zellen von hoher Lebens- und Hervorbringungskraft. Aus derartigen embryonalen, omnipotenten Zellen – und nur aus solchen – gehen alle übrigen spezialisierten Zellen hervor – abgesehen von denen, die embryonal bleiben, sich von der Weiterentwicklung zurückhalten und somit den «goldenen Faden» bilden, der sich unsichtbar durch alles hindurchzieht. Das Gewebe, das aus embryonalen Zellen zusammengesetzt ist, wird Bildungsgewebe oder Meristem genannt. Die embryonalen Zellen, die es zusammensetzen, werden der Gesamtheit aller übrigen Zellen gegenübergestellt. Die Botaniker unterscheiden demgemäß zwei zahlenmäßig sehr ungleich große Gruppen von Zellen: die kleine Gruppe der omnipotenten, embryonalen Zellen des Bildungsgewebes – äußerlich gesehen eigentlich nur einen einzigen Zellentypus umfassend – und die sehr große Gruppe der spezialisierten, einseitig an eine bestimmte Funktion «angepaßten» Zellen des Dauergewebes, von denen es unzählig viele verschiedene Arten gibt.

Oberflächlich und ohne genetisches Verständnis betrachtet, erscheint es unberechtigt, eine Art von Zellen allen übrigen Arten grundsätzlich gegenüberzustellen – eine Art von Zellen, die noch dazu mit den anderen Arten durch unmerkliche Übergänge verbunden erscheint. Der Botaniker unterscheidet trotzdem mit vollem Recht die embryonalen von den spezialisierten Zellen, weil

76

nur die ersteren ihre schöpferische Hervorbringungskraft (Teilungsfähigkeit) bewahren, alle spezialisierten Zellen hingegen einen grundsätzlich andersartigen Weg einschlagen, der sie ihre schöpferische Hervorbringungskraft verlieren und eine einseitig festgelegte Funktion sowie hohe Leistungsfähigkeit gewinnen läßt. Diejenigen Zellen, die aus dem Zentrum des gestaltenschaffenden, omnipotenten Bereiches einmal an die Peripherie geraten sind, müssen grundsätzlich von solchen Gebilden unterschieden werden, die sich ihre Ursprünglichkeit und Vielseitigkeit zu bewahren vermochten. Auch wenn die äußere Ähnlichkeit noch so groß ist – es besteht eine tiefe Kluft, die embryonal bleibende von solchen Zellen scheidet, die sich auf dem Wege zur Spezialisation befinden. Und umgekehrt: Mag die äußerliche Verschiedenheit noch so groß sein – es sind nur Unterschiede gradueller, nicht grundsätzlicher Art, die wir bei allen den verschiedenen Formen und Stadien der spezialisierten Zellen feststellen.

Vom winzigen Keimling angefangen bis zur Knospe des diesjährigen Gipfeltriebes finden wir immer wieder am Ausgangspunkt aller Entwicklung jenen äußerlich so unscheinbaren, aber lebentragenden Strom, der dem Ursprunge so nahe bleibt – und damit lebendig, vielseitig und voll schöpferischer Potenz.

Die Sprache dieses so gezeichneten Bildes vom Stammbaum ist derart deutlich, daß es sich eigentlich erübrigt, hierzu noch weitere Ausführungen zu machen. Selbstverständlich hat auch dieses Bild – wie alle Bilder – seine Grenzen. Seine Fruchtbarkeit ist aber so groß, daß einem bei längerem Umgange mit einem solchen Bilde die stammesgeschichtlichen Tatsachen in immer wieder neuen, weiterführenden Beleuchtungen erscheinen können. – Ich will mich hier darauf beschränken, dies an zwei Fragen bzw. Einwänden zu zeigen, die gegenüber einer anthropozentrischen Auffassung der Stammesgeschichte, wie sie hier geschildert wurde, häufig erhoben werden.

Es liegt nahe, gegenüber einer solchen Auffassung zu argumentieren, das wissenschafttreibende Lebewesen, der Mensch, sei hierbei einer subjektiv verständlichen, objektiv aber nicht gerechtfertigten Selbsttäuschung und Überschätzung seiner eigenen Rolle im stammesgeschichtlichen Entwicklungsgeschehen verfallen. Dies entspricht dem Einwand, der Botaniker dürfe nicht einer kleinen und formenarmen Gruppe, wie sie die der embryonalen Zellen ist, eine Sonderstellung zuweisen und sie der großen und gestaltenreichen Gruppe aller übrigen Zellen grundsätzlich gegenüberstellen.

Daß dieses Bild dennoch die Wirklichkeit trifft, geht für den Unvoreingenommenen aus allen einschlägigen Tatsachen hervor. Außer den schon genannten Autoren hat vor allen Dingen A. Carrel (1936) dieses Thema behandelt, und später hat dann auch A. Gehlen (1940) zu dieser Frage sehr viel Material und Ergebnisse zusammengetragen (wobei er allerdings die hier erwähnten Quellen zu nennen unterläßt). Den Voreingenommenen sollte, wenn er schon nicht von den einmal gewohnten Vorstellungen sich lösen will oder kann, doch folgendes stutzig machen: welcher – für ihn – unglaubliche, aber tatsächliche Anblick bietet sich gerade in unserer Zeit dar! Welch eine Sonderrolle spielt das

Lebewesen Mensch allen anderen Lebewesen, ja, der gesamten Natur gegenüber – sie ist ebenso dominierend wie gefährlich! So erscheint schon von daher Skepsis berechtigt gegenüber wissenschaftlichen Theorien, die den Menschen seiner Konstitution nach als ein beliebiges Lebewesen unter vielen, als eine Säugetierart unter anderen, ansehen wollen. Woher will man die Erklärungen für das merkwürdige Übergewicht des Menschen über alle anderen Naturwesen nehmen? Diese Auffassung steht eben auch hier mit allen Tatsachen im krassesten Widerspruch. – Und die hohe Verantwortung desjenigen Wesens, dessen glücklich bewahrte Ursprünglichkeit und schöpferische Vielseitigkeit ihm die freie Entscheidung ermöglicht – diese hohe Verantwortung des Menschenwesens kann für junge, heranwachsende Menschen gewiß nicht besser beleuchtet werden als durch die oben skizzierte Anschauung.

Aber wo bleiben die paläontologischen Belege für eine solche Anschauung? Solche Vorstellungsart mag ja durchaus eine dem Menschen schmeichelnde, ja ihn vielleicht sogar wirklich fördernde sein – das wird man vielleicht noch zugeben –, aber ist sie wissenschaftlich haltbar, wenn man doch weiß, daß fossile Menschenreste erst am Ende der Erdgeschichte gefunden werden? – Wir gelangen damit zum zweiten der obengenannten Einwände. Auch diese Frage erhält durch unser Bild eine Beleuchtung: Wie würde man einen Forscher beurteilen, der, um die Entwicklung und den Ursprung eines Seitenastes aus einem Baum zu erforschen, den verholzten Stamm untersuchen wollte? Der zarte Vegetationspunkt, umschlossen von schützenden Knospenblättern, ist ja längst verschwunden, unauffindbar für jeden nur äußeren Blick – und doch ist er es gewesen und nicht das Holz, der damals, als der Baum noch jung war, den mächtigen Ast hervorgebracht hat, den man heute sieht. Und besser als durch Untersuchen des abgestorbenen Holzes gewinnt man durch Beobachtung am heutigen Gipfeltrieb, in der Knospe, ein Bild von den Vorgängen einer entschwundenen Vergangenheit. In der Region der jetzt noch schöpferisch hervorbringenden Zellen, an der Spitze des Baumes, haben wir Gebilde vor uns, die den einstmals dagewesenen Wachstumsaugen zwar nicht in allem gleichen, ihnen aber grundsätzlich ähnlich sind – ähnlicher jedenfalls, als die halbzerstörten Holzzellen im Inneren des heute sichtbaren und greifbaren Stammes.

Wer den Ausgangspunkt aller stammesgeschichtlichen Entwicklung wirklich kennenlernen will, der tut besser daran, auf jenes Lebewesen hinzuschauen, das schon körperlich eine Sonderstellung gegenüber allen anderen heute existierenden Lebewesen einnimmt. Und er wird bemerken, daß er dann bei seiner Suche nach dem innersten Ursprung und Schöpfergrund der Entwicklung in noch weit verborgenere Regionen geführt werden wird, als sie im Inneren einer Knospe von dem mikroskopierenden Botaniker gefunden werden können. Von den schöpferischen Kräften selber wird er an denjenigen Ursprung geführt werden, der in den Worten Rudolf Steiners (1923) angesprochen ist:

«Willst du die Welt erkennen: blick ins eigene Innere;
Willst du dich selbst durchschauen: schau in die Welt.»

BLECHSCHMIDT, E. (1975): Entwicklungsgeschichte und Entwicklung. In: Scheidewege, Jg. 5, H. 1, S. 89–118. Stuttgart.

BOLK, L. (1926): Das Problem der Menschwerdung. Jena.

CARREL, A. (1936): Man – the unkwown (1936). Deutsche Ausgabe: Der Mensch, das unbekannte Wesen. Stuttgart 1955.

DACQUÉ, E. (1924): Urwelt, Sage und Menschheit. München.

DARWIN, Ch. (1859): On the origin of species by means of natural selection. London.

FREI, H. H. (1922): Goetheanismus. Die Schöpfung des Menschen. Eine Würdigung von Karl Snell. Die Drei, 2. Jg., Heft 12, S. 945–964.

GEHLEN, A. (1940): Der Mensch. Seine Natur und seine Stellung in der Welt. Wiesbaden 1976.

KIPP, F. A. (1948): Höherentwicklung und Menschwerdung. Stuttgart.

– (1980): Die Evolution des Menschen im Hinblick auf seine lange Jugendzeit. Stuttgart.

KLAATSCH, H. (1922): Der Werdegang der Menschheit und die Entstehung der Kultur. 2. Aufl. Berlin.

NAEF, A. (1933): Die Vorstufen der Menschwerdung. Jena.

POPPELBAUM, H. (1928): Mensch und Tier. Fünf Einblicke in ihren Wesensunterschied. Dornach. 8. Auflage, Fischer-Taschenbuch 1981.

– (1961): Entwicklung, Vererbung und Abstammung. Dornach 1974.

SCHINDEWOLF, O. H. (1950): Grundfragen der Paläontologie. Stuttgart.

– (1969): Über den «Typus» in morphologischer und phylogenetischer Biologie. Mainz.

SNELL, K. (1863): Die Schöpfung des Menschen. Leipzig. Stuttgart 1981.

– (1887): Vorlesungen über die Abstammung des Menschen. Leipzig, S. 121 ff. Stuttgart 1981.

DE SNOO, K. (1942): Das Problem der Menschwerdung im Licht der vergleichenden Geburtshilfe. Jena.

STEINER, R. (1923): Spruch, gegeben als Handschriftprobe für das Preußische Staatsarchiv Berlin vom 16. 10. 1923. Gedruckt in: Wahrspruchworte. Dornach 1981.

WESTENHÖFER, M. (1942): Der Eigenweg des Menschen. Berlin.

WOLFGANG SCHAD

Der Entwicklungsgang
zur organischen Eigenwärme

Wir Menschen sind von Natur aus Wärmewesen. Ganz unmittelbar gibt uns die
Wärme ein Wohlbefinden, das uns so durchdringt und durchströmt, daß wir
kaum zu unterscheiden wissen, wo es ein leibliches, wo es ein seelisches
Vermögen ist. Wenn wir von der Wärme eines Mitmenschen sprechen, meint
niemand dessen Körpertemperatur, sondern etwas Unkörperliches, das nicht
besser als mit dem Wort Wärme genannt werden kann. Und doch ist das
Merkwürdige, daß beide Seiten der Wärme kaum zu trennen sind. Die «Nestwärme», die jedes Kind braucht, besteht ebenso in warmer Nahrung, Kleidung
und Wohnung wie in der seelischen Geborgenheit der Familienatmosphäre. Der
Säugling empfindet beides ungetrennt im Arm der Mutter – ja, in jeder
Umarmung eines geliebten Menschen sind Seelenwärme und Lebenswärme
eines.

Diesem Geheimnis der menschlichen Wärme können wir uns heute auch
naturwissenschaftlich nähern. Dazu möge im folgenden etwas von der vielfälti-
gen Fülle, wie Leben und Wärme verbunden sind, ausgebreitet werden. Dabei
kann die einfache Beschreibung schon vieles aussagen, liegt die Natur doch
heute vor unseren Augen offen da.

Die Darstellung beabsichtigt, aus der heutigen Lebewelt einige Beobachtungen zur Evolution des Wärmeorganismus zusammenzutragen. Dabei sei darauf
geachtet, inwieweit die vier Naturreiche in ihrer Stufung noch heute Abbild und
Urbild der stattgehabten realen Evolution sein können.

Leben ist möglich, wo ein ausgeglichenes Maß an Wärme gegeben ist. Schon
die Erde als Ganzes zeigt die Anzeichen eines eigenen Wärmehaushaltes, weil sie
selbst eine eigene Wärmehülle hat. Wo, wie auf dem Mond, die Sonnenstrahlung
unvermittelt auf den nackten Boden prallt, sind nur extrem heiße ($+150°$ C)
und – bei Sonnenabwendung – nahezu schlagartig äußerst tiefe Temperaturen
($-150°$ C) vorhanden. Auf der Erde dämpfen die Luft- und Wasserhülle, die
Atmo- und Hydrosphäre, die Gegensätze. Schon in den obersten Lufthüllen
werden die für das Leben zu energiereichen Höhen- und Ultraviolettstrahlun-
gen zum größten Teil aufgefangen und in Wärme umgewandelt. Besonders in
der höheren Atmosphäre (Ozonosphäre) wird dieser Anteil der Einstrahlung
chemisch abgebunden im Ozon, das nachklingend wieder zu Sauerstoff zerfällt
und Wärme freigibt. Die tieferliegende wasserhaltige Wettersphäre (Tropo-

sphäre) vollzieht im Wechsel zwischen den drei Formzuständen des Wassers den Ausgleich nicht nur zwischen Tag und Nacht, sondern auch zwischen Sommer und Winter, Land und Meer und allen Klimagegensätzen. Die gewaltigen Wassermassen auf der Erde sind der größte Wärmestabilisator, der die Sonneneinstrahlung in globalem Ausmaß täglich verschluckt und sie in die kalten Jahreszeiten und polnahen Gegenden trägt. Hat doch das Wasser ein besonders hohes Wärmefassungsvermögen (spezifische Wärme) und dazu die Anomalie, als Eis, weil leichter, auf dem Wasser zu schwimmen, so daß nicht die Meerestiefen vereisen; unabdingbare Hilfen für das Leben.

Wo liegen die Temperaturgrenzen des Lebens? Die höchsten Werte liegen nahe am Kochpunkt des Wassers, und zwar bei den kernlosen Pilzalgen *(Myxophyceen)* in den Geysiren Islands, sie können sich noch bei 98° C vermehren. Manche Bakterien können als Sporen bis zu 30 Stunden in kochendem Wasser überdauern (Strasburger). Unsere Heubakterien, die die Selbstentzündung von eingebrachtem feuchtem Heu verursachen, bringen es selbst auf eine Gärungshitze bis zu 70° C. Kernhaltige Organismen überdauern höchstens 50° C. Die untere Grenze erreicht das Leben bei Keimzellen, die ja mit flüssiger Luft (−190° C) unterkühlt werden können, ohne nach dem Auftauen ihre Funktionsfähigkeit zu verlieren.

Welches Verhältnis nehmen nun die Pflanzen zur Wärme ein? Für sie ist charakteristisch, daß sie mehr, als wir gemeiniglich vermuten, zu kühlen, frischen Temperaturen neigen. In der Sonne kühlen die Pflanzen durch die sofort vermehrte Transpiration soweit ab, daß sie in etwa die direkte Sonnenerwärmung kompensieren. Im diffusen Licht liegt die pflanzliche Temperatur im allgemeinen um 0,1° bis 0,3° C tiefer als die umgebende Lufttemperatur. Ein Versuch ergab, daß eine lebende und eine abgestorbene Eiche gleicher Dicke im Winter die gleiche Temperatur haben, wohingegen im Frühling nach der Belaubung der lebende Stamm 7° C kühler als der tote Stamm und die Umgebungstemperatur war (Huber). Aber nicht nur die Transpiration und der aus den tiefer gelegenen kühlen Bodenschichten aufsteigende Wasserstrom bewirken, daß die lebende Pflanze immer etwas kühler als die Umgebung ist, sondern gerade auch ihr zentrales physiologisches Vermögen: die Photosynthese. Ist sie doch ein endothermer Vorgang, der Licht und Wärme in den organischen Stoff hinein abbindet und so immer kühlend wirkt. Auf das Ganze der Erde gesehen, zeigt sich, daß 70% der Photosyntheseleistung auf der Erde vom pflanzlichen Plankton im immerkühlen Meerwasser erbracht werden. – Die hervorstechende biochemische Fähigkeit der Pflanzenwelt zur Autotrophie sowohl für die Kohlehydrat- wie Eiweißsynthesen beruht auch im Bereich kleinster Vorgänge auf der Endothermie: CO_2 wird zu Kohlehydraten, Nitrat zu Aminoverbindungen, Sulfat zu Sulfidgruppen; der Aufbau vollzieht sich also immer im reduzierenden Milieu, so daß unentwegt Licht und Wärme eingebunden werden.

Für viele Pflanzen der gemäßigten und kühlen Breiten ist sogar der Frost lebenswichtig. Bekanntlich wächst das Getreide kräftiger und bestockt sich mit mehr Halmen pro Korn, wenn man es schon im Herbst aussät und die Keimpflänzchen im Winter wenigstens bis +4° C auskühlen (Wintergetreide). Unsere Schwertlilie blüht nur, wenn ihr Wurzelstock im Winter durchfriert.

Wo wir im Pflanzenreich über die Umgebung erhöhte Temperaturen antreffen, finden wir nicht die aufbauenden, sondern die oxydativen Abbauprozesse im Übermaß. Solche Atmungswärme erzeugen vielfach die blattgrünlosen Bakterien und Pilze (Heubakterien!). Der Gärtner benutzt die Zersetzungswärme von frischem Pferdemist im Frühbeet. Unter der Fallaubdecke und in den modernden Baumstümpfen des Waldes herrscht immer eine leichte Wärmebildung, die viele Insekten für die Überwinterung anzieht. Unsere Spinnen, Lauf- und Schnellkäfer, die Wespen- und Hornissenköniginnen überdauern den Winter im morschen Holz bei der Atmungswärme der Zellulosebakterien.

Zum anderen finden wir die deutliche Erwärmung in den ebenfalls nichtgrünen Blüten. Das Schneeglöckchen in unseren Gärten und die Soldanellen im Gebirge schmelzen sich mit der leichten Wärmebildung ihrer stark atmenden Blüten regelrecht durch die Schneedecke nach oben durch. Palmblütenstände und die Blüten der südamerikanischen Seerose *Victoria regia* erreichen über 10° C, Kürbisblüten bis zu 5° C Differenz zur Umgebung. Abgezupfte Kamillen- und Schafgarbenblüten erwärmen sich in der Thermosflasche auf 45° C. Die stärkste natürliche Wärmebildung im Pflanzenbereich bringen aber wohl die Aronstabgewächse zustande. Schon unser heimischer Aronstab *(Arum maculatum)* entwickelt in seinem Hochblatt-Trichter so viel Wärme, daß es abends viele kleine Mücken und Fliegen anzieht, die dann bei der Bestäubung helfen. Das italienische *Arum italicum* hält den Rekord: Es veratmet in wenigen Abendstunden 75% der Trockenmasse seiner Blütenstände und erreicht so 17° Differenz über die Umgebungstemperatur, was bei einem warmen italienischen Frühlingsabend bis an die Temperaturgrenze des Lebens geht.

Gehen wir nun zur Betrachtung des Tieres über. Für einen großen Teil der niederen Formen ist die Körperwärme mit der Umgebungswärme gegeben. Dabei herrscht im Meer eine beträchtliche Temperaturstabilität. 90% der Meerestiere leben innerhalb von Temperaturen zwischen 9° und 19° C. Dieses Gleichmaß wird nicht von den Lebensprozessen jener Meerestiere selbst geleistet, sondern kommt ihnen in der Umgebungswärme einfach zu. Ihr Wärme-Organismus ist mit dem des Meeres identisch. Sie sind also ziemlich gleichwarm, ohne eigenwarm zu sein (Isothermie). Ihnen wird von der Umwelt selbst die Mäßigung der tages- und jahreszeitlich drohenden Temperaturschwankungen geboten. Sie leben durchaus in einem recht stabilen, engen Temperaturbereich (Stenothermie).

Nun gehört es zu den merkwürdigsten Tatsachen der Evolution, daß viele Tiere die Geborgenheit im Wärmeschutz des Wassers verlassen haben und auf dem Lande vergleichsweise viel größeren Temperaturschwankungen ausgesetzt sind. Der Wärme-Kälte-Unterschied ist durch die geringere Pufferwirkung der Luft weitaus schroffer; hier herrscht Wechselwärme (Poikilothermie). Solche wechselwarmen Tiere, wie etwa eine Heuschrecke oder ein Schmetterling, können nur bei gehobenen Wärmegraden aktiv sein; bei niederen sinken sie in Kältestarre und müssen alle Eigenaktivität einstellen.

Doch treffen wir hier schon auf das erste Vermögen des eigenaktiven Ausgleichs: viele Insekten suchen durch passenden Ortswechsel die ihnen zuträgliche Temperatur in der Umgebung auf. Ein Käfer begibt sich bei zu heißer Sonne in kühlere Erdritzen und sucht bei weiterer Abkühlung wieder wärmere Stellen auf. Solche Tiere führen dabei eine erste äußerliche Thermoregulation durch, indem sie durch Ortsveränderung im Mikroklima des Lebensraumes aktiv die Vorzugstemperatur aufsuchen.

Eine höhere Art der Regulation findet sich bei den sozialen Insekten. Noch nicht die Wärme im eigenen Leib, aber schon die der nächsten Umgebung wird mitbestimmt: Manche Termiten tropischer Länder bauen in Nord-Süd-Richtung stehende Kompaßnester, die also der glühenden Sonne in der Mittagszeit die Schmalseite und damit die kleinste Bestrahlungsfläche bieten. Morgens und abends bei der flachen Sonneneinstrahlung von Osten und Westen nehmen die Breitseiten die geringere Erwärmung voll an. Die Tiere graben tiefe Röhren zum Grundwasser, tragen es tröpfchenweise hoch und kühlen den Bau durch die Verdunstung. Der Bau des Termitenvolkes stellt selbst eine Art erweiterter Leiblichkeit dar. – Unsere Rote Waldameise *(Formica rufa)* reguliert die Wärme in ihren großen Nadelspreuhaufen so, daß bei Überhitzung die Eingänge erweitert werden, um mehr Verdunstung und damit mehr Verdunstungskälte zu bewerkstelligen; bei Abkühlung werden sie geschlossen. So wird in einer Tiefe von 15 bis 50 cm den Sommer über immer eine Temperatur zwischen 23 und 29 Grad Celsius gehalten (A. Steiner). Nur im Winter geraten alle unsere Ameisen in die Kältestarre, tief in der Erde in frostsicheren besonderen Überwinterungsnestern.

Die vollkommenste Regulation unter den Wirbellosen verwirklicht die Honigbiene. Sinkt die Wärme im Bienenstock im Herbst unter 13° C, so hocken sich alle Insassen zu einer engen «Wintertraube» zusammen, so daß die innerwärts schlafenden Bienen es extra warm haben. Bei weiterer Abkühlung werden die äußeren Bienen unruhig, versuchen ins Innere der Traube zu gelangen und aktivieren das ganze Volk so, daß nun alle Bienen sich bewegen, Nahrung aus den Honigzellen aufnehmen und mit den Flügeln schlagen. Dadurch steigt die Temperatur bis 25° C an und sinkt dann langsam ab, bis die Selbsterwärmung des Volkes wieder einsetzt. Im Sommer wird die Nestwärme in noch engeren Grenzen, nämlich zwischen 34° und 36° C gehalten. Beim Schwärmen halten die zur Traube zusammenhockenden Bienen auch in kalten Nächten eine Traubeninnentemperatur von 35° C (Nagy et. al.). Bei kühlem Wetter drängen sich die Arbeiterinnen im Stock auf den Brutzellen eng zusammen und wärmen sie.

Droht hinwieder Überhitzung, wird viel frische Luft eingefächelt. Dann stehen einige Tiere am Flugloch und ventilieren mit surrenden Flügeln und erhobenem Hinterleib, sie «steißeln», wie der Imker sagt; auch wird dabei Wasser eingetragen, über den Waben ausgespuckt, filmartig ausgezogen und zur Verdunstung gebracht. Alle Arbeiten gehen ungelernt, instinktsicher und harmonisch aufeinander abgestimmt vor sich.

Innerhalb der höheren Tiere, der Wirbeltiere, wiederholt sich der ganze Entwicklungsweg von der Fremd- zur Eigenwärme wiederum, wenn auch mit neuen Akzenten. Die Fische sind noch ohne eigenes Dazutun vom Wasser gegen schroffe Temperaturstürze oder -anstiege geschützt. Die das Land betretenden Lurche können zwar das feuchte Milieu noch nicht missen, setzen sich aber vermehrt dem äußeren und damit dem eigenen Wärmewechsel aus; jedoch viele unserer Frösche, z. B. Wasser- und Seefrosch sowie die Weibchen des Grasfrosches, überwintern noch am Grunde ihrer Teiche. Ganz wechselwarm sind dann die Kriechtiere wie Eidechsen, Schlangen und Schildkröten. Sie können nur durch geringen Ortswechsel Temperaturgegensätze in bescheidenem Umfang kompensieren. So sind unsere Eidechsen in der Hitze höchst agil, werden aber schon in der Abendkühle und bei Regenwetter träge und erst recht in der Winterstarre bewegungslos.

Interessant sind wieder die sogenannten Ausnahmen. Schon 1835 stellte der britische Arzt John Davy auf einer Seereise an frischgefangenen Thunfischen

Abb. 1: Gelege einer Python. Salzburg, Haus der Natur, Juni 1982 (Foto Schad).

84

fest, daß ihre Körpertemperatur um 10° über der Wassertemperatur lag. Auch der Makohai (Makrelenhai = *Isurus oxyrhinchus*) ist «warmblütig». Es sind recht große Hochleistungsschwimmer der Hochsee, und sie haben gemeinsam, daß die in den riesigen Muskelpaketen erzeugte Wärme durch spezielle «Wundernetze» auf den ganzen Blutkreislauf gleichmäßig verteilt wird. Neue Untersuchungen ergaben, daß unabhängig von der herrschenden Wassertemperatur der Thun seine Innentemperatur zwischen 18° und 23° C halten kann (Carey). – Unter den Reptilien zeigen einige Schlangen, wie manche tropischen Giftnattern und Riesenschlangen, erste Anzeichen von Eigenwärme: die Weibchen legen ihren langen Leib in dichten Schlingen um die abgelegten pergamentschaligen Eier und wärmen sie über die Umgebungstemperatur an, und zwar durch Muskelzuckungen, die im Abstand von einigen Sekunden vom Kopf aus den Schlangenleib entlanglaufen. Hier entsteht Wärme wie bei den genannten Fischen nur durch aktive Muskelarbeit.

Die höheren Wirbeltiere, die Vögel und Säugetiere, sind es nun, die die selbstregulierte, stabile Eigenwärme in breitem Ausmaß verwirklichen (Homoiothermie). Dabei liegen die Werte der Vögel oft besonders hoch, und zwar sind kleine Arten meist heißer als die großen (Strauß 37,4° C; Zaunkönig 41,8° C). Doch wollen wir auch hier wieder auf Ausnahmen achten. So gibt es unter den Vögeln wenige Fälle von temporärer Poikilothermie: Unsere einheimische Nachtschwalbe, der Ziegenmelker, sowie viele Kolibris Amerikas verfallen bei kühlen Nachttemperaturen in eine unterkühlte Starre (Torpidität). Auch unsere Mauersegler machen bei kaltem, insektenarmem Wetter unter Auskühlung (bis 20° C) ein Hungerkoma durch, das sie bis zu 3 Wochen überstehen können. Die Ziegenmelker haben je in Afrika und Amerika eine Art, die bis 18° C auskühlt; letzterer, der westamerikanische Poor-Will *(Phaenoptilus nuttallii)* überdauert so zweieinhalb Wintermonate in einem regelrechten Winterschlaf. Das Gemeinsame dieser Kolibris, Segler und Ziegenmelker ist ihre nahe systematische Verwandtschaft zu den Eulen, jener Vogelgruppe, die in ihrem Gesamtcharakter viel vom tagliebenden, wohlsingenden Vogeltypus aufgegeben hat und bis in ihren Körperbau hinein (erste Ohrschneckenwindung) Anklänge an die niederen Säugetiere zeigt.

Die höchstentwickelten Tiere, die Säugetiere, verfügen zumeist ebenfalls über den selbstregulierten, eigenen Wärmeorganismus. Doch wiederholen sie im eigenen Verwandtschaftskreis noch ein drittes Mal den ganzen Entwicklungsgang in ihrer Weise. So überrascht es uns nun keineswegs, wenn wir bei ihnen das ganze Spektrum vom außenweltabhängigen bis zum eigenstabilen Wärmeorganismus finden: Das primitivste lebende Säugetier ist das Schnabeltier in Australien; es legt noch beschalte Eier, säugt aber schon die daraus ausschlüpfenden Jungen. Sein Wärmehaushalt ist noch nicht voll stabilisiert. Es lebt in enger Bindung ans Wasser, in dem es seine Nahrung sucht, und baut sich auch Wohnhöhlen in die Ufererde, in denen ausgeglichene Temperaturen herrschen. Die nahestehenden Ameisenigel sind reine Landtiere, welche in der kalten

Jahreszeit Südaustraliens fast noch wie Kriechtiere in die auskühlende Winter-starre verfallen. Ähnlich hochgradig wechselwarm sind alle Fledermäuse. Sie kühlen im Winterschlaf ohne Schaden bis gegen den Gefrierpunkt hin ab. Ihre Letaltemperatur liegt erst bei −5° C; nur durch die Muskelarbeit beim Flug steigt die Körperwärme über die Umgebungstemperatur an. Weitere niedere Säuger (Beutel-, Schuppen-, Gürtel- und Faultiere) weisen noch physiologische Normalschwankungen bis zu 10° C auf (Heterothermie). Die echten Winter-schläfer wie unser Igel, Hamster und die Schläfer sind im Winter noch weitgehend poikilotherm, den Sommer über schon gut homoiotherm. Die große Mannigfaltigkeit der höheren Säuger aber verfügt über eine ausgezeichnete eigene Wärmeproduktion und -regulation. Als besonders stabil gelten die Raubtiere, das Pferd und der Mensch.

Unter den dem Menschen so nah verwandten Affen gibt es bei den Halbaffen jedoch auch noch wenige Fälle von Poikilothermie. So wechselt die Körpertem-peratur des Fettschwanz-Maki von Madagaskar weitgehend mit der Außentem-peratur, wie das beistehende Diagramm zeigt. In der kühlen Jahreszeit der südlichen hemisphärischen Wintermonate hält diese Tierart einen Trocken-schlaf und lebt, wie unsere Winterschläfer, vom gespeicherten Fett, das sich in seiner Schwanzwurzel angesammelt hat.

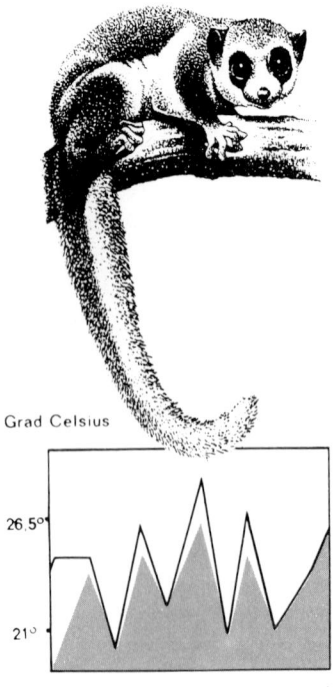

Grad Celsius

26.5°

21°

Januar

Abb. 2: Fettschwanz-Maki von Madagaskar. Die Körpertemperatur (graues Feld) wechselt noch mit der Außentemperatur (durchgezogene Linie) (aus Eimerl und DeVore).

86

In mehreren Wellen finden wir so im heutigen Tierreich den immer stärker sich durchsetzenden Vorgang, einen eigenen, von der Umwelt emanzipierten Wärmeorganismus aufzubauen. Gegenüber der physiologischen Hypothermie des Pflanzenreiches fanden wir die Isothermie der meisten Meerestiere, die Poikilothermie der einfacheren Landtiere, die Heterothermie von Übergangsformen bis hin zur Homöothermie des Menschen und der ihm nächst verwandten Tiere. Die anfangs von außen geschenkte Licht- und Wärmehülle wird durchbrochen und hinter sich gelassen. Nun sind die unregelmäßigen Lufttemperaturen zu verkraften und stufenweise auszugleichen. Dann aber wird die Wärme selbst erzeugt und ausgeglichen. Umweltabhängigkeit geht durch «Krisen» hindurch in Eigenständigkeit über.

Der gleiche Weg vollzieht sich auch in der Entwicklung der Wärmeorganisation bei jedem einzelnen Menschen. Zuerst leben Embryo und Fötus noch ganz in der Wärmehülle des Fruchtwassers. Bei Frühgeburten ist die eigene Wärmebildung und -regulation zwar schon intakt, aber noch nicht voll wirksam, da die Haut noch zu wasserreich und zu wenig von Fett unterlegt ist. Das ausgetragene Neugeborene ist noch ein wenig temperaturlabil, doch reift das Regulationsvermögen in wenigen Wochen aus. Die tägliche Schwankungsbreite beträgt beim einjährigen Kind noch fast $2°$ C, bei zweijährigen dann den bleibenden Wert von $1,4°$ C im männlichen und $1,2°$ C im weiblichen Geschlecht. – Als Wärmezentrum läßt sich kein einzelnes Organ ausmachen. Innerhalb der verschiedenen «Wärmeschalen» des menschlichen Organismus wird die Temperatur des «Wärmekerns» von den inneren Organen in gemeinsamer Kompensation gewährleistet.

Irrig ist die fast ein Jahrhundert geltende Lehrmeinung, daß die Leber das wärmste Organ sei. Erste exakte Messungen ergaben 1955 sogar das Gegenteil: Sie ist regelmäßig um $0,2$ bis $0,6°$ C kühler als die Rectaltemperatur (Hensel). Dieses so besonders in den vitalen Aufbauleistungen tätige Organ ähnelt damit andeutungsweise der charakteristischen Hypothermie des Pflanzenreiches.

Unser weitgehend stabilisiertes Wärmeverhalten verhindert Abkühlung durch Muskelzittern (Wärmebildung!) und Bewegungsdrang, Überwärmung durch Schweißbildung (Verdunstungskälte!) und Bewegungseinschränkung. In die Regelung ist das Nervensystem mit dem Hypothalamusgebiet einbezogen. – Eindrucksvoll sind die Versuche zur Hitzetoleranz. So berichtete schon 1775 der Engländer Blagden von einer Versuchsperson, die 10 Minuten bei $138°$ C ohne Schaden zubrachte. 1948 wiederholten Blockley und Taylor den Versuch bei $115°$ C über vier Stunden; die Körpertemperatur der Probanden stieg für eine halbe Stunde bis $42°$ C, jedoch nicht höher, eine außerordentliche Leistung der Selbstregulation. Neueste Versuche zeigen, daß es unbekleidete Versuchspersonen bei $200°$ C bis zu 20 Minuten ausgehalten haben (Precht et. al.). Darin übertrifft uns kein Tier.

Unsere äußersten Temperaturgrenzen liegen bei $24–26°$ und $44–45°$ Celsius. Doch gelten sie nur für das Soma. Das Keimgewebe ist weit darunter abkühlbar und zwar sowohl das spermatogene wie das ovariale Gewebe bis −79° C, wie die Re-Implantation mit erhaltener Funktionsfähigkeit im Tierversuch zeigte. Ja, der Organismus stellt mit der Verlagerung der Hoden außerhalb der Bauchhöhle eine physiologisch notwendige Hypothermie selbst her. Sie wird verständlich, wenn wir uns verdeutlichen, daß sich hier in der uneingeschränkten Zellproliferation ein geradezu pflanzenhafter Vervielfachungsvorgang abspielt. Pathologisch geschehen solche unbegrenzten Zellvermehrungen bei den malignen Tumoren, und gerade sie sind ja auch die «Kalten Krankheiten» ohne Fieber und statistisch häufiger bei fieberschwachen Menschen. (Siehe zu dem Thema Tumor und Wärme: Dietzel, Le Veen, Ungar, Pirquets, R. Steiner.)

Eine Reihe von Naturtatsachen haben wir vor uns ausgebreitet. Alles stand dabei unter der Frage, wie Leben und Wärme in den Naturreichen miteinander zusammenhängen. Die Pflanze leistet die Verwandlung des anorganischen Stoffmaterials in lebende Substanz. Die Wärme wird stofflich immanent, der Organismus bleibt kühl. – Das Tier baut die aus der Pflanzenwelt stammende Nahrung hingegen ab, setzt die Wärme wieder nach außen frei und produziert umso mehr freie Wärme, je heftiger es sich seelisch engagiert. Durch den Überhang oxydativer Vorgänge hat das Tier nicht nur lebende, sondern auch empfindende Substanz. Dabei wird ihm zuerst das Gleichmaß einfach wie ein Geschenk von der Umgebung zur Verfügung gestellt. In der Geborgenheit der umgebenden Wärmehülle gedeiht der Anfang alles sich einmal verselbständigenden Lebens. Im nächsten Schritt wird diese Hülle durchbrochen und zurückgelassen, und nun müssen die drastisch wechselnden Unregelmäßigkeiten der Umwelt verkraftet und stufenweise selbst ausgeglichen werden. Dann aber wird zum Schluß wieder ein neues Wärmegleichmaß erreicht. Diese Wärme wird aber nicht mehr von außen bezogen, sondern unentwegt selbst gebildet und gegenüber den äußeren Einflüssen allein reguliert.

Der Mensch betreibt so leiblich nicht nur Wärmeproduktion durch oxydativen Abbau, sondern er regelt das Ausmaß des Abbaues auf ein selbstgeführtes Gleichmaß: Wir finden darin Wirkungen seiner personalen Autonomie bis in die physiologische Konstituierung seiner Leiblichkeit. In mehreren Anklängen fanden wir dieses Vermögen im evolutiven Trend der Tierreihe als ihr menschliches Motiv (Bienen, Vögel, höhere Säugetiere). Die ihm nahverwandten Tiere sind auch dadurch solche; sie sind von der Ich-Qualität schon wie überstrahlt.

Von einer *Biologie der Freiheit* erzählt uns das Leben, wenn wir auf seine Wärmebedürfnisse achten. Weil wir selbsttätig warme Menschen sind, können wir auch geistig uns befreiende Wesen immer mehr werden.

BACMEISTER, W. (1949): Überwintert die Nachtschwalbe? Kosmos, Jg. 45, H. 2, S. 58–59. Stuttgart.

BLAGDEN, C. (1775): Experiments and observations in an heated room. Philosophical Transactions of the Royal Society of London, Bd. 65, Part I, S. 111–123. London.

BLOCKLEY, W. V. und TAYLOR, C. L. (1948): Air Material Command, Wright-Patterson Air Force Base. Memor. Rept. MCREXD 696–113A.

CAREY, F. C. (1973): Fishes with warm bodies. Scientific American, Bd. 228, Nr. 2, S. 36–44. New York.

DIETZEL, Fr. (1978): Thermo-Radiotherapie. München.

EIMERL, S. und DEVORE, J. (1976): Die Primaten. Reinbek.

HENSEL, H. (1977): Die Lebertemperatur des Menschen, zur Geschichte eines physiologischen Irrtums. Beiträge zu einer Erweiterung der Heilkunst nach geisteswissenschaftlichen Erkenntnissen, Jg. 30, H. 5 (Sept./Okt.), S. 157–159. Stuttgart.

HUBER, Br. (1935): Der Wärmehaushalt der Pflanzen. In: Naturwissenschaft und Landwirtschaft, H. 17. Freising-München.

LEHTONEN, L. (1969) in: Grzimeks Tierleben, Bd. 8, S. 417–420. München.

LEICK, E. (1915): Die Erwärmungstypen der Araceen und ihre blütenbiologische Deutung. Berichte der Deutschen Botanischen Gesellschaft, Bd. 33, S. 518–536.

LE VEEN, H. H. et. al. (1976): Tumor Eradication by Radiofrequency Therapy. Jama. The Journal of the American Medical Association, Vol. 235, Nr. 20, S. 2198–2200. Chicago. Siehe auch: Südd. Zeitung Nr. 216, S. 38 vom 17. 9. 1976.

NAGY, K. A. u. STALLONE, J. N. (1976): Temperature maintenance and CO_2-concentration in a swarm cluster of honey bees, Apis mellifera. Comparative Biochemistry and Physiology, Bd. 55A, S. 169–171.

PRECHT, H., CHRISTOPHERSON, J. und HENSEL, H. (1973): Temperatur und Leben. Heidelberg/Berlin/New York.

STEINER, A. (1947): Der Wärmehaushalt der einheimischen sozialen Hautflügler (Wespen, Hummeln, Bienen, Ameisen). Beihefte zur Schweizerischen Bienen-Zeitung, Bd. 2, H. 16 (Dez.), S. 139–256. Aarau.

STEINER, R. (1922): Physiologisch-Therapeutisches auf Grundlage der Geisteswissenschaft, Vortrag vom 27. 10. 1922. GA 314. Dornach 1975.

STRASBURGER, E. (1978): Lehrbuch der Botanik für Hochschulen. Stuttgart/New York.

UNGAR, F. H. PIRQUETS (1954): Allergie-Begriff und das Problem der bösartigen Geschwülste. Die Medizinische, Nr. 47.

WOLFF, O. (1980): Die Lebertemperatur als physiologischer Irrtum. Beiträge zu einer Erweiterung der Heilkunst nach geisteswissenschaftlichen Erkenntnissen, Jg. 33, H. 2 (März/April), S. 57–63. Stuttgart.

WOLFGANG SCHAD

Vom Naturlaut zum Sprachlaut

Wir können uns nicht oft genug sagen, daß das kleine Kind ein so ganz anders empfindendes und erlebendes Wesen ist, als wir Erwachsenen sind. In der anthroposophischen Sinneslehre kommt das darin zum Ausdruck, daß das kleine Kind viel mehr der Ausbildung der «unteren» Sinne hingegeben ist als der der «oberen» Sinne (Aeppli). In einer gewissen Weise kann man in erster Annäherung sagen, daß der Mensch im ersten Jahrsiebent besonders die unteren Sinne (Tastsinn, Lebenssinn, Bewegungssinn, Gleichgewichtssinn), im zweiten Jahrsiebent die mittleren Sinne (Geruchssinn, Geschmackssinn, Sehsinn, Wärme/Kältesinn) und im dritten Jahrsiebent besonders die oberen Sinne (Gehörsinn, Lautsinn, Gedankensinn und Ichsinn) ausbildet. Rudolf Steiner wies nun darauf hin, daß von der guten Ausbildung der unteren Sinne in den ersten Lebensjahren die wichtige Ausbildung der oberen Sinne im Jugendalter abhängt, und zwar so, daß der Ichsinn eine Metamorphose des Tastsinns sei, der Lebenssinn sich in den Gedankensinn metamorphosiere, der Bewegungssinn sich so in den Lautsinn weiter verwandle und der Gleichgewichtssinn die rechte Grundlage für das Hören bilde.

Nun läßt sich bei näherem Verfolg dieses Zusammenhanges feststellen, daß die unteren Sinne nicht so verbleiben, wie sie zuerst waren, sondern sich beim Herausbilden der oberen Sinne auch selbst qualitativ verändern, sich also auch

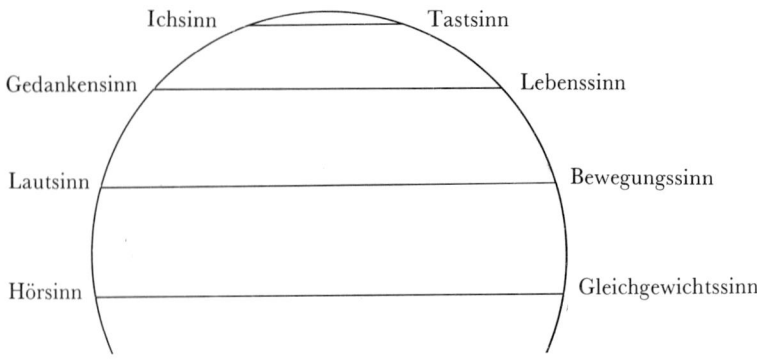

selbst metamorphosieren. Der Tastsinn des kleinen Kindes ist noch etwas viel Umfassenderes als unser ernüchterter Tastsinn. Man kann nämlich den geschilderten Zusammenhang auch so aussprechen, daß das besondere Sinnesleben des kleinen Kindes in dem noch undifferenzierten Verwachsensein der unteren mit den oberen Sinnen besteht. Auf dem Arm der Mutter betätigt das Kind durch den unmittelbaren Berührungskontakt über den Tastsinn zugleich die Wahrnehmung des mit allen Fasern der Seele gesuchten einmaligen, unaustauschbaren Vertrauensmenschen. Der Tastsinn ist wie durchleuchtet noch vom Ichsinn. Ebenso ist der Lebenssinn gleichsam noch innig durchströmt vom Gedankensinn: Wie vernünftig und sinnvoll die Erwachsenen in der Umgebung des kleinen Kindes geordnet handeln und denken, so gesund wird die physiologische Organbildung im wachsenden kindlichen Leib werden. Was der Erwachsene über den Gedankensinn aus der mitmenschlichen Umwelt erfaßt, das nimmt das kleine Kind mit dem Lebenssinn auf.

Nun kommen wir zum eigentlichen Thema, indem wir entdecken, daß auch Bewegungssinn und Lautsinn ursprünglich miteinander wie eins verwachsen sind. Das kleine Kind setzt das Erleben von Sprache und Musik immer zugleich in Bewegung um. Es kann nicht anders als hüpfen und tanzen dabei und sollte es immer dürfen im Vorschulalter. In den ersten Schuljahren aber wird es die Aufgabe der musikalischen Erziehung, die Kinder dahin zu bringen, bei zur Ruhe gebrachten Gliedern musikalisch empfinden zu lernen. Dadurch entsteht ein innerer seelischer Erlebnisraum, frei von der Anbindung an die Leibesbewegung. Das gleiche gilt wohl auch für die Spracherziehung im zweiten Jahrsiebent.

Blicken wir zurück in die alten, vorchristlichen Kulturen, so ist immer die Welt der Töne und Laute als die Welt der Bewegung und alle Bewegung in der Welt als musikalisch tönend erlebt worden. Selbst die Bewegungen der Gestirne wurden als Sphärenharmonie erfahren, der Tagesgang der Sonne als der Sturm der Horen. Shakespeare läßt im «Kaufmann von Venedig» Lorenzo sagen:

> Komm, Jessica! Sieh, wie die Himmelsflur
> Ist eingelegt mit Scheiben lichten Goldes!
> Auch nicht der kleinste Kreis, den du da siehst,
> der nicht im Schwunge wie ein Engel singt . . .
> Nur wir, weil dies hinfäll'ge Kleid von Staub
> Uns grob umhüllt, wir können sie nicht hören.

Ursprünglich wurde alle Bewegung in der Natur als Laut erlebt. – Auch die Pflanzenwelt tönt, aber noch nicht von sich aus. Sie wird bewegt und rauscht, eins mit dem Winde. Die einzelne Pflanze ist selbst nur organhaftes Glied der Landschaft. Es ist der Wind, der auf dem Instrument der Wälder spielt. In der Trockensteppe Ostafrikas gibt es sogar Flötenakazien *(Acacia seyal)*, deren bauchig aufgetriebene Blattansätze erklingen können, wenn der Wind darüber streicht. Aber dazu müssen gewisse Ameisenarten zuerst die

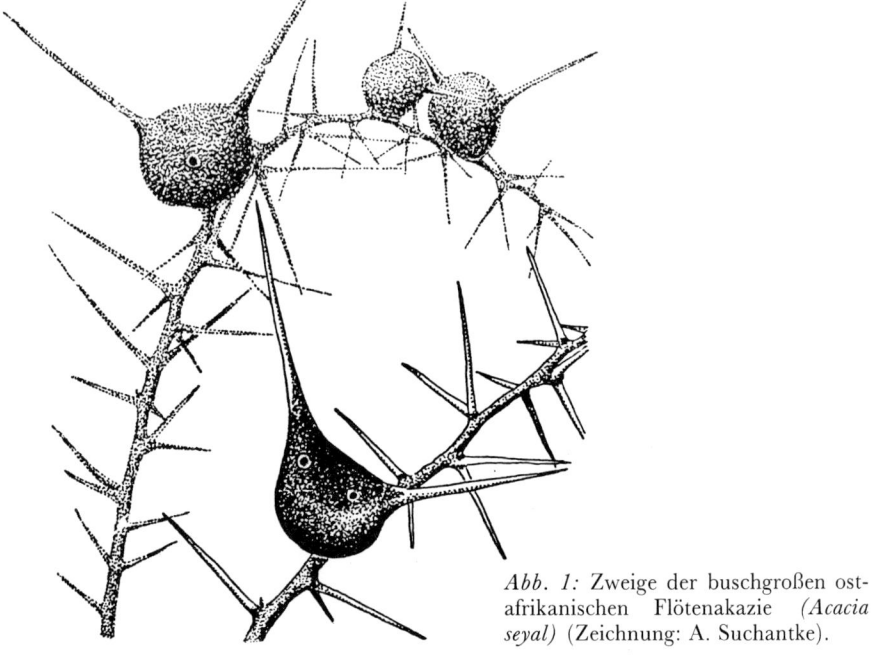

Abb. 1: Zweige der buschgroßen ostafrikanischen Flötenakazie *(Acacia seyal)* (Zeichnung: A. Suchantke).

Löcher in die hohlen Holzblasen bohren, in denen sie dann wohnen; die Pflanze allein flötet nicht.

Gehen wir zur Tierwelt über, so tritt uns in aller Vielfältigkeit und Fülle die Welt selbsterzeugter Töne entgegen. Rudolf Steiner erwähnte 1907, daß eine künftige Zoologie die Tierwelt anders einteilen wird, als die heutige Naturwissenschaft es macht: «Nämlich in innerlich tonlose und solche, die von innen heraus tönen können. Sie finden freilich bei manchen niederen Tieren, daß sie einen Ton entfalten, aber das geschieht dann auf mechanische Weise, durch Reiben usw., nicht von innen heraus. Selbst die Frösche erzeugen den Ton nicht so. Erst die höheren Tiere, die damals entstanden sind, als der Mensch im Tone ausleben konnte sein Leid und seine Freude, erst sie haben mit dem Menschen die Möglichkeit bekommen, durch Laute und Schreie ihren Schmerz und ihre Lust zum Ausdruck zu bringen.»

Überall in der niederen Tierwelt finden wir die Erzeugung der Töne außerhalb des Leibesinnern: Der Chor der Bienen in der blühenden Linde, das tiefe Summen vorbeifliegender Hummeln, das motorhafte Brummen der Schmeißfliegen am Unrat, das hohe Sirren der Stechmücken – immer wird durch die jeweilige Frequenz der Flügelschläge die Tonhöhe erzeugt. Auch das Zirpen der Grillen und Heimchen, der schwirrende Ton der Heuschrecken, das metallische Sirren der Zikaden in den Mittelmeerländern wird mit Hilfe von außen gebauten Schrilleisten durch Flügel- und Beinbewegungen hervorgebracht. An warmen Trockenhängen hauptsächlich Süddeutschlands gibt es Schnarrheuschrecken, die mit rasselndem Klang blau- oder rotfarben leuchtend auffliegen, um sich nach einigen Metern Flug wieder zu setzen und mit ihren trübgefärbten Oberflügeln die bunten Unterflügel sogleich zu bedecken. Visuelle und akustische Erscheinung entsprechen sich dabei vollkommen. Die Maulwurfsgrille in Frankreich baut zusätzlich zwei trompetenartig gestaltete Gänge, die den trillernden Zirpton verstärken und aus dem unterirdischen Wohngang nach oben leiten (Bennet-Clark). – Alte Möbel enthalten gelegentlich kleine holzbewohnende Käfer, die mit dem Kopf so unablässig klopfen, daß sie an das Ticken eines Uhrwerks erinnern (Klopfkäfer, Totenuhr, *Anobium pertinax*). Wer im Wald einmal einen Mistkäfer nicht nur von seiner blauviolett schimmernden Unterseite bewundert hat, sondern ihn auch einmal dicht ans Ohr hielt, hörte ein feines Zirpen, das durch Gelenkbewegungen zwischen Brustteil und Hinterleib hervorgerufen wird, welche kleine Zacken (Stridulationsapparat) anreißen. Alle diese Naturlaute der Insektenwelt haben eine mechanisch-metallische Klangfarbe, welche, auf äußeren Instrumenten gespielt, der Stimmungsausdruck der äußeren Landschaft ist.

Es gibt meines Wissens nur eine einzige Ausnahme unter den Insekten: der jedes Jahr aus dem Süden über die Alpen zu uns einfliegende Totenkopfschwärmer. Dieser Nachtschmetterling mit dem größten Leib unter den Insekten Europas kann bei Belästigung aus seinem Innern heraus durch Ausquetschen

Abb. 2: Fossiler Flügelabdruck eines schabenartigen Insekts *(Clatrotitan)* aus der Trias Australiens. Eine auffallend große Fläche des Flügels ist als Stridulationsorgan für die äußere Lauterzeugung ausgebildet (aus Laseron).

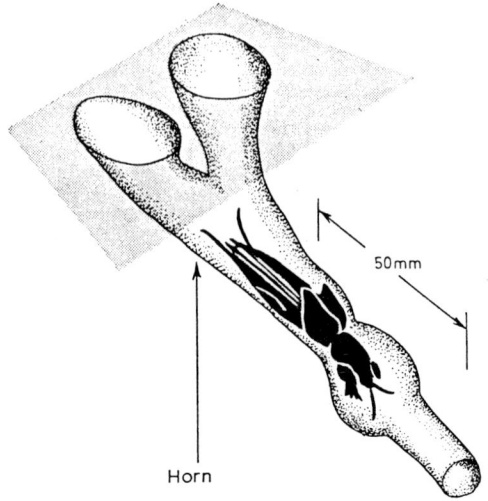

50mm

Horn

Abb. 3: Die zirpende männliche Maulwurfsgrille *(Gryllotulpa vinaea)* Südfrankreichs sitzt in ihrem selbstgebauten Lautverstärker, einem verzweigten Gang unter der Erde mit zwei nach oben offenen Schalltrichtern, durch die sie abends nach Sonnenuntergang einen so lauten Ton hervorbringt, daß er bis über einen halben Kilometer noch gehört werden kann (aus Bennet-Clark).

von Luft einen brummenden Ton erzeugen. Seine daumendicke Raupe frißt an unseren giftigsten Pflanzen, den Nachtschattengewächsen, von denen Rudolf Steiner (1923) schildert, daß diese Pflanzen zu Giftpflanzen geworden seien, weil Seelisches in die Lebensvorgänge zu tief hineingegriffen habe. So ist auch bei diesem Schmetterling das Seelische für ein Insekt viel zu stark verinnerlicht und drückt sich hörbar bis in seinen unheimlichen Ton aus. Und wie ein Realsymbol seines Wesens erscheint als Rückenzeichnung das Bild eines menschlichen Totenschädels. Die zu früh eingreifenden Seelenkräfte werden zu Todeskräften.

Bei den niederen Wirbeltieren, den Fischen, gibt es knurrende Lautäußerungen. Zwei Arten des Knurrenden Dornwelses leben in den Flüssen des tropischen Südamerikas. Mit den Brustflossenstrahlen führen sie, wenn man sie stört, Bewegungen aus, die wohl in der Gelenkpfanne schabende und kratzende Geräusche deutlich hörbar erzeugen. Es sind wie alle Welse nacht-aktive Fische.

In unserer Nordsee leben der Graue und der Rote Knurrhahn, die beide zum Laichen in den Sommermonaten aus den Weiten des Atlantiks in die Küstengewässer kommen. Hier sind es Zwischenrippenmuskeln, die an der Schwimmblase angewachsen sind und wie mit Trommelschlägern dieselbe in Schwingungen versetzen. Damit beginnt anfänglich die erste echte Lautbildung im Innern. Alles Blubbern mit dem Mund an der Wasseroberfläche und Klatschen beim Aus-dem-Wasser-Springen vieler unserer Teichfische, besonders der Karpfenfische, behält noch den äußeren instrumentalen Charakter.

Die ans Land gehenden Lurche entwickeln das der Schwimmblase homologe Organ zu Lungen. Und diese innere Durchlüftung bei aktiver Einatmung der Außenluft ist ein weiterer Schritt zur Beseelung und zur Lautbildung. Das keckernde Quaken der Frösche, das dumpfe Grunzen laichender Kröten, das

94

harte Rufen der Laubfrösche und das zarte Unken der Unken wird noch übertroffen von dem silberhellen Glöckchenton unseres kleinsten Lurches, des Glockenfrosches, der wegen seiner geschickten Verhaltensweisen bei der Eiablage auch Geburtshelferkröte genannt wird. Neuere Untersuchungen an Rotbauchunken (Schneider, Lörcher) stellten fest, daß die Tonerzeugung merkwürdigerweise in umgekehrter Richtung vor sich geht: Zuerst wird die Kehle zu einer Schallblase aufgepumpt und dann aus dem Mundraum die Luft zur Tonerzeugung in die Lunge zurückgepreßt (Inspirationsrufe). Das Tier «äußert» sich noch nicht, sondern es «verinnerlicht» sich im Tönen. So ist es bei allen Unkenverwandten *(Discoglossiden)*, unseren kleinsten Froschlurchen. Die größeren Frösche und Kröten rufen, indem die Luft schon von der Lunge in den

Abb. 4: Rufende Männchen einheimischer Froschlurche. Oben links: Rotbauchunke; rechts: Kreuzkröte. Unten links: Laubfrosch; rechts: Teichfrosch (Zeichnung U. Winkler).

Abb. 5: Männchen der einheimischen Bekassine im Balzflug.
Das äußerste Schwanzfederpaar erzeugt das «Meckern» (aus Stresemann).

Mundraum strömt, der aber dabei noch nach außen geschlossen bleibt. Aufge-
blähte Schallblasen erhöhen dabei die Lautstärke.

Unter den Kriechtieren findet sich bei der Klapperschlange Kaliforniens
wieder eine ganz äußerliche Instrumentierung mit den hornig eingetrockneten
letzten Schwanzgliedern, mit denen die Schlange ein mechanisch rasselndes
Knattern erzeugt. Schlangen und Chamäleone können zischen, Eidechsen, z. B.
unsere Zauneidechse, und die großen Warane können als Abwehr fauchen. Hier
wird, so leise und klanglos der Ton auch erst ist, ein erstes Inneres *geäußert*.

Mit den Vögeln und ihrer hochgradigen inneren Durchlüftung und Durch-
wärmung gelangen wir in das großartigste Reich tierischer Gesänge. Die die
Verwandtschaftsgrade berücksichtigende Systematik hat die größten Vögel
mehr zu den niederen Vögeln gestellt, während die Singvögel auch bis in ihre
Anatomie hinein als die höchstentwickelten Vögel gelten. Unter den ersteren
findet sich noch äußere Lauterzeugung wie beim Storchengeklapper, bei dem
Flügelsirren fliegender Schwäne, dem Flügelklatschen auffliegender Tauben
oder dem Meckern der Bekassine. Letztere ist eine Schnepfenart, die gerne in
Wassernähe lebt. Zum Beispiel: Über einer Kuhweide hinter dem Deich der
Ostseeküste ertönt in regelmäßigen Abständen ein weithin hörbares Schnarren.
Ein nur wenig größerer Vogel als eine Amsel, in braunfleckigem Gefieder und
mit langem Schnabel, steigt etwa 100 m in die Luft auf und läßt dann im
Sturzflug das rasselnde Meckern erschallen. Dabei werden die äußerst weit
abgespreizten seitlichsten Schwanzfedern durch den massiven Luftzug in Ton-
schwingungen versetzt. Rasch steigt die Bekassine wieder auf, um erneut zum
Schnarren herabzustürzen. Viertelstundenlang balzt sie so über ihrem Wohnre-
vier.

Der Gesang vieler Vögel schmiegt sich deutlich in ihre Umgebung ein und
verstärkt sie dementsprechend. Schon Frieling (1937) und Kipp (1941) machten

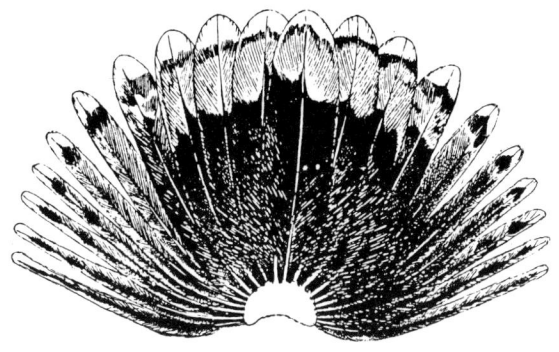

Abb. 6: Gespreizter Schwanz der nordasiatischen Bekassine *(Capella megala)* mit mehreren verschmälerten seitlichen Steuerfedern, die den schwirrenden Ton des Balzfluges verstärkt hervorbringen (aus Stresemann).

darauf aufmerksam, wie auffällig der quarrende und wetzende Gesang vom Teich- und Drosselrohrsänger zur Klangwelt der Frösche, Enten, Bläß- und Teichhühner paßt. Wie gehören andererseits der eintönigere bescheidene Ruf der Goldammer in die Felderlandschaft, wie die klangvollen Flötentöne des Pirols in die hohen Buchenhallen oder alten Parkbestände, wie das schrille Schreien der Mauersegler zur Stadt als einer künstlichen felsreichen Gegend und das schwätzende Plaudern der Schwalben ins Dorf! Das geht so weit, daß in der von Wiesenhängen voller Grillen überzogenen Landschaft der Gesang des Feldschwirls von den Insektentönen kaum zu unterscheiden ist.

Und doch werden auch diese Vogellaute in den inneren Atmungsorganen erzeugt. Dabei hat der Vogel keineswegs einen Kehlkopf, sondern er besitzt gleich zwei Stimmritzen an der Verzweigung der Luftröhre in die beiden Bronchien. Im Anklang an die mehrtönige Rohrflöte des griechischen Mittagsgottes Pan haben die Zoologen dieses Stimmorgan der Vögel die «Syrinx» genannt. Die Akrobatik des Vogelgesanges beruht also zum einen darauf, daß er zwei Stimmerzeugungsstellen hat, zum anderen darauf, daß die Lungenlappen an ihren Enden weitere Luftsäcke ausgestülpt haben, die teils in der Bauchhöhle, teils unter der Haut und teils in den hohlen Röhrenknochen liegen. So ist fast der ganze Vogelleib durchlüftet und gleichsam insgesamt ein Kehlkopf. Man muß nur einmal den kleinen Zaunkönig bei seinem erstaunlich lauten Schlag beobachten, wie es den ganzen Knirps beim Singen hin und her wirft.

Hört man sich eingehender in die Gesangeswelt der Vögel ein, so fällt auf, daß der Takt- und der Intervallcharakter fehlen. Auch der Kuckuck singt zumeist keine reine kleine Terz. Es gibt zwar bei der Wüstenlerche der Sahara ein außerordentlich wohltönendes Intervallisieren, und es gibt auch in den Tropen akkordmäßig zusammenklingende Parallelgesänge (pärchenweise Duettgesänge, etwa beim ostafrikanischen Flötenwürger), aber das sind nur um so interessantere Ausnahmen. Im allgemeinen finden wir bei den Singvögeln gerade den *Übergang* zwischen dem mehr mechanisch äußerlich klingenden und dem voll innerlich durchseelten Ton: Unser Star wetzt und zirrt, zieht und verhackt die Töne in rasanter Folge, bis zwischenhinein herrliche Wohllaute hervorbrechen. Beim Hausrotschwänzchen überwiegt der mehr eintönige und quetschende Charakter, bei der Amsel der volltönende, aber immer ist beides herauszuhören. Selbst die Nachtigall hat metallische, hart angerissene Tonfolgen, von denen wir uns nur immer sogleich wieder durch den herrlichen, unübertroffenen Wohllaut ihres abwechslungsreichen Gesanges erholen. Bei unserer Mönchsgrasmücke, der häufigsten Grasmücke unserer Gärten, besteht der erste Teil des Gesanges aus einem noch etwas klanglosen Tongesprudel, das nach dem sogenannten Überschlag in die wohllautende Endstrophe übergeht. Auch Zaunkönig und Buchfink singen im Eingang ihrer Strophe «konsonantischer» und zum Schluß hin «vokalischer». Man bemerkt, wie sich der Vogel im Singen zuerst wie von außen nach innen seelisch inkarniert, um erst dann von innen nach außen zum vollen Klangausdruck kommen zu können. Der Vogelgesang ist nicht mehr nur äußerliches Tönen und doch auch noch nicht das nur von innen Herausbrechende, sondern lebt im Grenzland zwischen Außen und Innen und spielt sich in diesem Zwischenland ab. Höchstens im Quarren der Enten, im Krächzen der Krähen und besonders in der tiefen Baßstimme des intelligentesten Vogels, des Kolkrabens, klingt eine schon verinnerlichte Seelenfärbung durch, die anfänglich an das Säugetier erinnert. Die meisten Vögel aber singen gar nicht aus sich selbst, sondern ganz aus der Stimmung der Landschaft und der Tagesstunde heraus. Die Feldlerche wird als einer der frühesten Vögel schon etwa eine Stunde vor Sonnenaufgang mit ihrem Gesang beginnen. Die Misteldrossel singt am liebsten allein in der heißesten Mittagsstunde einsamer Wälder, wenn alle anderen Vögel schweigen. Und kein Amselmännchen kann im Frühling widerstehen, wenn gegen Abend ein warmer Regen ausklingt und die Sonne noch einmal durchbricht. Christian Morgenstern hat das überindividuelle Wesen des Vogelgesanges in dem Gedicht ausgesprochen:

> Im Baum, du liebes Vöglein dort,
> Was ist dein Lied, dein Lied im Grund?
> Dein kleines Lied ist Gottes Wort,
> Dein kleiner Kehlkopf Gottes Mund.

> «Ich singe» singt noch nicht aus dir.
> Es tönt die ew'ge Schöpfermacht
> Noch ungetrübt in reiner Pracht
> In dir, du kleine süße Zier.

Erst bei den Säugetieren sind die Rufe und Schreie unmittelbarer Ausdruck der vollen innerseelischen Empfindung. Das Muhen der Kühe abends auf der Weide schon eine Viertelstunde eher, bevor sie gewohnterweise in den Stall gelassen werden, das Blöken eines Schafes, das seine Herde aus dem Blick verloren hat, das Aufkreischen einer sich wehrenden Katze, das aggressive Bellen eines Hundes, das röhrende Gebrüll eines Löwen: In all dem drückt sich innere Empfindung in warmer Seelenhaftigkeit aus. Bei den Säugetieren können wir die Lautäußerung hochgradig als Ausdruck des Innerseelischen erfahren. Der Emotionalgehalt ist unmittelbar herauszuhören.

Es gibt ein Säugetier, welches den tonerzeugenden Luftstrom zusätzlich zu einer weiteren, nun sogar wieder instrumentalen Stimmerzeugung benutzt. Das ist der Elefant, wenn er mit Hilfe des verlängerten Nasenrüssels trompetet. Große Teile seines Kopfes sind von gewaltigen Lufträumen erfüllt. Die steile, hochgewölbte Stirn hängt nämlich nicht etwa mit einem besonders großen Gehirnraum zusammen – das Gehirn bleibt relativ klein –, sondern besteht aus nichts anderem als solchen lufterfüllten Knochenräumen. Alle Lufträume des Schädels und der Rüssel machen den ganzen Kopf zu einem erweiterten zusätzlichen «Kehlkopf». Beim Elefanten wird physisch, was beim Menschen prozessual bleibt.

Die akustischen Äußerungen der Tiere sind vielfach nicht nur Äußerung selbstbezogener innerer Empfindungen, sondern enthalten insbesondere für den Artgenossen verhaltensbeeinflussende Mitteilungen. Lockrufe, Werberufe, Warnlaute, Reviermarkierung usw. werden von Tieren im Sozialverband eingesetzt. Dabei ist charakteristisch die Stereotypie der meisten dieser Klänge. So

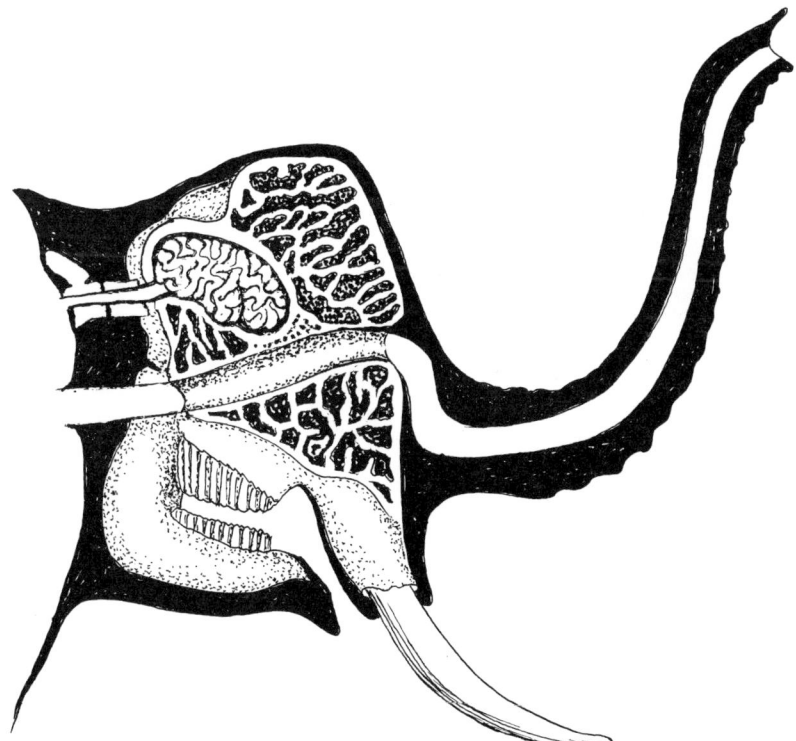

Abb. 7: Die Lufträume im Elefantenhaupt (halbschematisch).

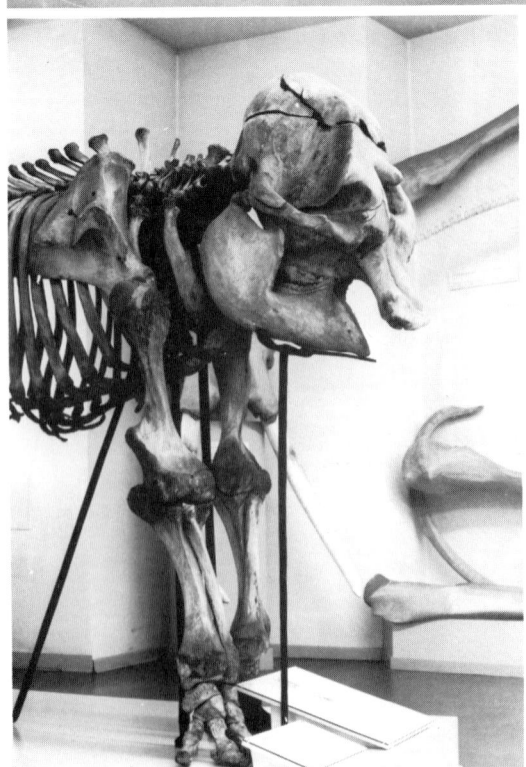

Abb. 8: Skelett des Indischen Elefanten im Ottoneum, Kassel. Goethe benutzte den Schädel dieses Exemplares für seine Studien des Zwischenkieferknochens; oben: die lufterfüllte Schädelhaube ist abnehmbar und zeigt extreme Pneumatisierung (Foto Schad).

schön der Buchfink schlägt, es ist doch jeden Tag jahraus, jahrein immer das gleiche Gesangsmuster, das nur für den Kenner in sehr geringen Grenzen wahrnehmbar variiert. Die Goldammer singt unentwegt das gleiche eintönige Lied, und auch der Zaunkönig kann nichts anderes als immer den gleichen Schlag. Bei wenigen Vögeln (Sumpfrohrsänger, Singdrossel, Sprosser, Nachtigall, Papageien) kann der Ruf viele Abwechslungen annehmen, und doch sind gerade diejenigen Laute, die der sozialen Verständigung dienen, am meisten festgelegt. Das gilt gerade auch für die Rufe der Säugetiere. An Rhesusaffen hat die Forschung herausgefunden (Ploog, 1972), daß diejenigen Rindenfelder des Großhirns, welche der akustischen Kommunikation im Sozialverband dienen, primäre Rindenfelder sind, d. h. erblich angeboren sind. Die ganze Skala der Beruhigungslaute, Warnlaute, Angstrufe, Aggressionsschreie muß also nicht gelernt werden, sondern ist starr klanglich vorgegeben.

Das gilt jedoch nicht nur für die Erzeugung, sondern auch für die sinnvoll verwendete Wahrnehmung dieser Rufe. Die Bedeutungsvergabe in der Auffassung ist also ebenfalls erblich mitgegeben. Das gilt für zahllose tierische Verhaltensweisen: Eine Zecke spricht nur auf den Buttersäuredunst warmblütiger Lebewesen an, und ein Hund hat auch keine andere Bedeutungsbelegung im Anblick einer Wurst als die, daß sie freßbar ist. Rudolf Steiner (1919) nennt deshalb die Tiere die größten Abstraktlinge. Der Verhaltensforscher Köhler (1953) sprach vom «unbenannten Denken» der Tiere, indem mit der Wahrnehmung der Bedeutungsgehalt sofort exakt realisiert wird, aber eben stereotyp nur ein einziger Bedeutungsgehalt. Von allen anderen sonst noch möglichen Bedeutungen wird abgesehen, also abstrahiert.

Der Mensch hingegen kann die verschiedenartigsten Bedeutungen der gleichen Wahrnehmung zuerkennen. Der Kölner Dom wird von einem Kunsthistoriker anders aufgefaßt als von einem Pfarrer. Der ihn nur besichtigende Tourist hat wieder einen anderen Bedeutungshorizont als ein Botaniker, der sich für den Flechtenbewuchs des Kölner Domes interessiert. Daran wird zwar deutlich, daß allerdings auch die berufliche Spezialisierung zur eindimensionalen Abstraktheit führen kann. Menschlich aber ist erst das Vermögen, eine möglichst universelle Vielfalt im Denken der Welt entgegenzubringen. Was dagegen die Tauben vom Kölner Dom haben, ist ihnen weitgehend angeerbt.

Treten wir nun in die Tonwelt des Menschen selbst ein, so finden wir die größte Vielseitigkeit auch darin. Im Singen und Sprechen wird der Naturlaut zum menschlichen Laut. Nennen wir zuerst die größten Gegensätze: Die Schnalz- und Klickslaute in der Buschmannsprache Südafrikas wirken noch geradezu instrumental. In den expressiven Interjektionen wie «Au!», «I!», «Huh!», «Ah!» geben wir hingegen unseren Emotionen freien Lauf. Dazwischen aber, zwischen dem Aufschrei und der trockenen Information liegt das Spektrum menschlichen Gesanges und Sprache. Heinz Zimmermann brachte als ein Beispiel die folgende Reihe:

«Brr; Puh; es ist kalt; das Wasser ist kalt; das kalte Wasser; H_2O 12° C.»

Hieran wird deutlich, daß menschliche Sprache zumeist mehr ist als Interjektion oder Information. Diese beiden gibt es wohl beim Tier. Der Naturlaut wird erst zum Sprachlaut in dem Freiraum zwischen diesen Polen. Menschliche Sprache ist immer vieldeutig. «Kalt» braucht nicht nur physikalisch, sondern kann auch psychisch und da wiederum ästhetisch oder rein moralisch gemeint sein. Wir werden zu eindimensionalen Reaktionsautomaten, wenn wir an vorgeprägte Klischees definierter Worte gebunden sind. Der Umgang mit der Sprache wird nur dann zum Werkzeug des Geistes werden, wenn jedes Wort künftig zum «Teekesselwort» wird, das nur hindeutenden Charakter für das aufweist, was der Hörer sozial wahrnehmen und aktiv nachschaffen muß. Dann ist die Sprache nicht mehr Zeichenübergabe zur Ingangsetzung von Verhaltensmustern, sondern der «Schleier aus der Hand der Wahrheit» (Goethe). Nicht mehr nur in dem, was sie innerlich-emotional bewegt wie bei den höchsten Tieren, noch in einer äußeren Schallweitergabe wie bei den niederen Tieren bleibt die menschliche Sprache stehen, sondern sie heilt in dem Grenzland zwischen innen und außen die existentielle Kluft dieser Trennung aus.

Literatur

AEPPLI, W. (1967): Sinnesorganismus, Sinnesverlust, Sinnespflege. Die Sinneslehre Rudolf Steiners und ihre Bedeutung für die Erziehung. Stuttgart.

BENNET-CLARK, H. C. (1971), siehe: Schallerzeugung bei der Maulwurfs-Grille. Naturwissenschaftliche Rundschau, Jg. 24, H. 6, S. 267.

FRIELING, H. (1938): Die Stimme der Landschaft. München/Berlin.

GOETHE, J. W. (1784): «Zueignung». dtv-Gesamtausgabe, Bd. 1, S. 7–10. München 1961.

KIPP, F. A. (1941): Über die Pfahlstellung der Rohrdommeln und verwandte Erscheinungen. Beiträge zur Fortpflanzungsbiologie der Vögel, Jg. 17, Nr. 3, S. 101–105. Siehe im Band 3 dieser Reihe.

KÖHLER, O. (1953): Vom unbekannten Denken. Journal für Ornithologie, Bd. 94.

– (1953): Tierpsychologische Versuche zur Frage des «unbekannten Denkens». Vierteljahresschrift der Naturforschenden Gesellschaft Zürich, Bd. 98.

LASERON, CH. F. (1954): Ancient Australia. Sidney.

LÖRCHER, K. (1969): Vergleichende bio-akustische Untersuchungen an der Rot- und Gelbbauchunke. Oecologia, Bd. 3, S. 84–124. Berlin.

LUKSCHANDERL, L. (1977): Fischkonzert am Amazonas. Kosmos, Jg. 73, S. 116–121. Stuttgart.

PLOOG, D. (1972): Kommunikation in Affengesellschaften . . . In: Gadamer, H.-G. und Vogler, P. (Hrsg.): Neue Anthropologie, Bd. 2, S. 98–178, insbesondere S. 140. Stuttgart/München.

SCHALLER, F. u. KRATOCHVIL, H. (1981): Lautbildung bei Fischen. Biologie in unserer Zeit, Jg. 11, H. 2, S. 42–47. Weinheim.

SCHNEIDER, H. (1966): Bio-Akustik der Froschlurche, ein Bericht über den gegenwärtigen Stand der Forschung. Stuttgarter Beiträge zur Naturkunde, Nr. 152. Stuttgart.

SHAKESPEARE, W. (1595): Der Kaufmann von Venedig, 5. Akt, 1. Scene.

STEINER, R. (1907): Die Theosophie des Rosenkreuzers. Vortrag vom 1. 6. 1907. GA 99. Dornach 1979.

– (1919): Der Goetheanismus, ein Umwandlungsimpuls und Auferstehungsgedanke. Vortrag vom 3. 1. 1919. GA 188. Dornach 1980.

– (1923): Rhythmen im Kosmos und im Menschenwesen. Vortrag vom 2. 6. 1923. GA 350. Dornach 1979.

STRESEMANN, E. (1927–1934): Aves. In: Kükenthal, W. (Hrsg.), Handbuch der Zoologie, Bd. 7, 2. Hälfte, S. 633/634. Berlin.

TEMBROCK, G. (1959): Tierstimmenforschung. Die Neue Brehm-Bücherei, Nr. 250. Wittenberg-Lutherstadt.

ZIMMERMANN, H. (1979): Vom Ausruf zum Begriff. In: Standard und Dialekt, Festschrift Heinz Rupp, S. 111 ff. Bern.

Gevatter Tod

Es hatte ein armer Mann zwölf Kinder und mußte Tag und Nacht arbeiten, damit er ihnen nur Brot geben konnte. Als nun das Dreizehnte zur Welt kam, wußte er sich in seiner Not nicht zu helfen, lief hinaus auf die Landstraße und wollte den ersten, der ihm begegnete, zu Gevatter bitten. Der erste, der ihm begegnete, das war der liebe Gott, der wußte schon, was er auf dem Herzen hatte, und sprach zu ihm: «Armer Mann, du dauerst mich, ich will dein Kind aus der Taufe heben, will für es sorgen und es glücklich machen auf Erden.» Der Mann sprach: «Wer bist du?» »Ich bin der liebe Gott.» «So begehr ich dich nicht zu Gevatter», sagte der Mann, «du gibst dem Reichen und lässest den Armen hungern.» Das sprach der Mann, weil er nicht wußte, wie weislich Gott Reichtum und Armut verteilt. Also wandte er sich von dem Herrn und ging weiter. Da trat der Teufel zu ihm und sprach: «Was suchst du? Willst du mich zum Paten deines Kindes nehmen, so will ich ihm Gold in Hülle und Fülle und alle Lust der Welt dazu geben.» Der Mann fragte: «Wer bist du?» «Ich bin der Teufel.» «So begehr ich dich nicht zum Gevatter», sprach der Mann, «du betrügst und verführst die Menschen.» Er ging weiter, da kam der dürrbeinige Tod auf ihn zugeschritten und sprach: «Nimm mich zum Gevatter.» Der Mann fragte: «Wer bist du?» «Ich bin der Tod, der alle gleich macht.» Da sprach der Mann: «Du bist der Richtige, du holst den Reichen wie den Armen ohne Unterschied, du sollst mein Gevattersmann sein.» Der Tod antwortete: «Ich will dein Kind reich und berühmt machen, denn wer mich zum Freunde hat, dem kann's nicht fehlen.» Der Mann sprach: «Künftigen Sonntag ist die Taufe, da stelle dich zu rechter Zeit ein.» Der Tod erschien, wie er versprochen hatte, und stand ganz ordentlich Gevatter.

Als der Knabe zu Jahren gekommen war, trat zu einer Zeit der Pate ein und hieß ihn mitgehen. Er führte ihn hinaus in den Wald, zeigte ihm ein Kraut, das da wuchs, und sprach: «Jetzt sollst du dein Patengeschenk empfangen. Ich mache dich zu einem berühmten Arzt. Wenn du zu einem Kranken gerufen wirst, so will ich dir jedesmal erscheinen; steh ich zu Häupten des Kranken, so kannst du keck sprechen, du wolltest ihn wieder gesund machen, und gibst du ihm dann von jenem Kraut ein, so wird er genesen; steh ich aber zu Füßen des Kranken, so ist er mein, und du mußt sagen, alle Hilfe sei umsonst und kein Arzt in der Welt könne ihn retten. Aber hüte dich, daß du das Kraut nicht gegen meinen Willen gebrauchst, es könnte dir schlimm ergehen.»

Es dauerte nicht lange, so war der Jüngling der berühmteste Arzt auf der ganzen Welt. «Er braucht nur den Kranken anzusehen, so weiß er schon, wie es steht, ob er wieder gesund wird oder ob er sterben muß», so hieß es von ihm, und weit und breit kamen die Leute herbei, holten ihn zu den Kranken und gaben ihm soviel Geld, daß er bald ein reicher Mann war. Nun trug es sich zu, daß der König erkrankte; der Arzt ward gerufen und sollte sagen, ob Genesung möglich wäre. Wie er aber zu dem Bette trat, so stand der Tod zu den Füßen des Kranken, und da war für ihn kein Kraut mehr gewachsen. «Wenn ich doch einmal den Tod überlisten könnte», dachte der Arzt, «er wird's freilich übel nehmen, aber da ich sein Pate bin, so drückt er wohl ein Auge zu; ich will's wagen.» Er faßte also den Kranken und legte ihn verkehrt, so daß der Tod zu Häupten desselben zu stehen kam. Dann gab er ihm von dem Kraut ein, und der König erholte sich und ward gesund. Der Tod aber kam zu dem Arzte, machte ein böses und bitteres Gesicht, drohte mit dem Finger und sagte: «Du hast mich hinter das Licht geführt; diesmal will ich dir's nachsehen, weil du mein Pate bist, aber wagst du das noch einmal, so geht dir's an den Kragen, und ich nehme dich selbst mit fort . . .»

GUNTHER ZICKWOLFF

Leben und Bewußtsein

Die Bedeutung der Absterbevorgänge im Organismus

«Als der Knabe zu Jahren gekommen war, trat zu einer Zeit der Pate ein . . .»,
so heißt es in der Sprache des Märchens. Gemeint ist der Tod, der sich von der
Geburtsstunde an dem Lebensweg des Neugeborenen zugesellt hatte. Da stand
eine bedeutungsvolle Zusage am Anfang: «. . . wer mich zum Freunde hat, dem
kann's nicht fehlen.» Er hält sich aber im Hintergrund des Geschehens und
wartet. Übrigens hatte er «ganz ordentlich Gevatter» gestanden.

Nun führt die Biographie den Augenblick herauf, in dem der «Freund»
gegenübertritt. Ein Gespräch, man könnte sagen: eine lebenslange Zusammenarbeit hebt an. Was sie vor allem und zunächst als Förderung und Hilfe
einbringen kann, ist eine Steigerung der Erkenntnisfähigkeit. Umfang und
Wachheit des Bewußtseins können wachsen. Sie werden von nun an, vom
Jüngling *erlebbar*, dem ständigen Mitwirken des Gevatters verdankt. Dieser
«ordentliche» Helfer vergißt auch nicht den strengen Hinweis auf die Gesetzmäßigkeit, die solchem Verkehr innewohnt: Was dem «Dürrbeinigen» abge-
wonnen ist, darf niemals mißbraucht werden. Es steht in noch umfassenderen
Ordnungen darinnen, die erst nach dem Tod in einem abermals gesteigerten
Bewußtsein geschaut werden können und über die der Tod nichts vermag. –

So spricht also das Märchen in seiner exakten Bilderfolge, daß man geradezu
betroffen stehen kann vor der Gültigkeit dieser Aussage. Der jugendliche
Mensch – im dritten Lebensjahrsiebt – hat sich inzwischen innerlich voll auf das
Skelett abgestützt, das nun «da» ist, Staksigkeit und Schlaksigkeit, gleichsam
ein Noch-Fremdeln mit den eigenen Gliedmaßen weicht langsam einem
befreundeteren, auch gezielteren Umgang. Kraft und Befähigung zu selbständi-
ger Urteilsbildung angesichts von Tatsachen kommen herauf. Die Möglichkeit,
aus lebensvoll Zusammenhängendem ein Gesetz herauszulösen und an und für
sich festzuhalten, d. h. zu abstrahieren, ist gewonnen. Das übt sich zunächst am
einfachsten im Bereich des rein Logischen (Mathematik, Kombinatorik) und
Anorganischen (Physik, Technologie, Geologie). Im Rahmen des Biologie-
Unterrichts erscheint da die *Behandlung des Skeletts und bestimmter physikali-
scher Gesetzmäßigkeiten* des Leibes dem Lebensalter angemessen (9. Klasse der
Waldorfschulen).

Wenn dann in der 10. Klasse wiederum *Menschenkunde* getrieben wird, so
muß ein Studium der Organe und Organfunktionen im Zusammenhang mit

dem Seelisch-Geistigen erfolgen. Dabei wird zum eindrücklichen, aus der unmittelbaren Leibesnähe gewonnenen Erfahrungsinhalt, daß der ganze Organismus zum Werkzeug, Ausdrucksmittel und Widerlager der ichhaften Menschenseele geschaffen ist; dies aber nun in einer geradezu dramatisch zu erlebenden, Polaritäten schaffenden Gegensätzlichkeit. Kurz und allerdings vereinfacht formuliert (das Nähere kann und braucht in diesem Zusammenhang nicht erörtert zu werden), ergibt sich der Einsicht des in Engagement und kritisch prüfender Distanzierung sich wechselweise steigernden jungen Menschen, daß alles, was dem Wachbewußtsein dient, immer in Todesnähe lebt: Hirn, Nerven, Sinnesorgane, sozusagen der «Kopf». Das vitale Leben aber organisiert seinen Schwerpunkt im entgegengesetzten Bereich der Stoffwechselregion, gleichsam «unten». Dort aber reicht das Bewußtsein nicht hin, dort schläft der Mensch auch am Tage. Wachsein ist deshalb immer ein partielles Sterben vom Kopfe her, das nur von dem sich immer erneut opfernden Strom des Lebens nächtlicherweile abgefangen und wieder neu aufgebaut werden kann. Wenn immer beseelte Wesen sich nicht im rein Organisch-Vitalen erschöpfen (dafür ist die Pflanzennatur reinster Ausdruck), sondern ihnen eine neue Dimension – die des innerlichen Bewußtseins-Geschehens – zuwächst . . ., sie danken es dem Freund, dessen Patenschaft sie das Sterben lehrt.

So etwas kann in der von Tatsachen unterbauten Empfindung des jungen Menschen leben, der in die 11. Klasse herüberkommt. Es entspricht diesem Jugendalter, immer tiefer in die Welt der Ideen einzudringen, eigene Kraft an Idealen zu erproben, das Menschliche ins Menschheitliche auszuweiten. Was schon im engeren Eigenbereich erfahrbar war, kann und will in erweitertem Gültigkeitsbereich geschaut werden.

Auch der Biologie-Unterricht eröffnet nunmehr eine neue Dimension, die des Mikroskopisch-Kleinen, des den Sinnen ohne verstärkende Apparatur Unzugänglichen. Eine Zellenlehre wird gut daran tun, ihren geschichtlichen Stellenwert sauber herauszuarbeiten. Auch große geistesgeschichtliche Aspekte sind hierbei am Platze. Teleskop und Mikroskop haben ja ihren Fälligkeitstermin, sind am Beginn der Neuzeit symptomatisch für ein entschlossenes Hinwenden des Menschen zu einer nur noch sinnlich erfahrbaren Welt. Alte Geistesoffenbarung ist längst der Dämmerung verfallen, allenfalls noch in dogmatisierten Lehrmeinungen tradiert. Sie wird überdies immer mehr mißverstanden, teilweise zur Karikatur, die in der Auseinandersetzung mit der Flut neuen Beobachtungsmaterials notwendig untergehen muß. So stand auch am Beginn der Mikroskopie ziemlich unbekümmerte Neugierde. Ohne viel Federlesen wurde zunächst einmal alles unter die Lupe genommen. Interessant waren die überaus feinen und oft merkwürdigen Formgestaltungen, die das bloße Auge nicht ahnen konnte. Mehr und mehr wurden sodann Teile lebender Organismen zum Beobachtungsgut. In der ersten Hälfte des 19. Jahrhunderts spricht man aus, daß allem, war organisch lebt, Zellstrukturen zugrunde liegen. Es wirft schon ein Licht auf das ganze Geschehen, daß der Ausdruck Zellen (cells) von Robert

Hooke bereits geraume Zeit vorher an toten Zellkammerwänden von Baumrinde ohne den eigentlich lebendigen Inhalt (des Plasmas, den wir heute wesentlich meinen) geprägt wurde.

Wenn dann im Verlauf einer solchen Unterrichtsepoche die vielseitigen Erscheinungen des Lebens an den Prozessen im Zellbereich genügend deutlich geworden sind und auch Sättigung durch primär Wißbares eingetreten ist, läßt sich auf eine entscheidende Erweiterung oder besser Steigerung des Erlebens hinarbeiten, von der jetzt noch etwas ausführlicher die Rede sein soll.

Im Bereich der sogenannten Einzelligen zeigen die winzigen Organismen schier unglaubliche Fähigkeiten. Sie können mit dem ganzen Leib atmen und sich bewegen, fressen, verdauen und ausscheiden, ja Sinnesreize aufnehmen und sich zu ihnen verhalten. Besonders erstaunlich vollzieht sich die Fortpflanzung: Ist bei normaler Ernährung genügend Größenwachstum erfolgt, teilt sich der ganze Leib durch sinnvolles Auseinandergliedern in zwei Tochterlebewesen ohne Rest. Die Leiblichkeit ist neu jung geworden. Tod tritt nicht ein. Es bleibt kein Leichnam. Man spricht von «potentieller Unsterblichkeit».

Nun gibt es bestimmte Zusammengliederungen von Einzellern zu lockeren Verbänden, sogenannte Zellkolonien. Noch handelt es sich nicht um Gewebe (das sind Zellen gemeinsamer Herkunft, die durch feine Plasmabrücken untereinander verbunden bleiben und sich dadurch in ihren Lebensvorgängen unmit-

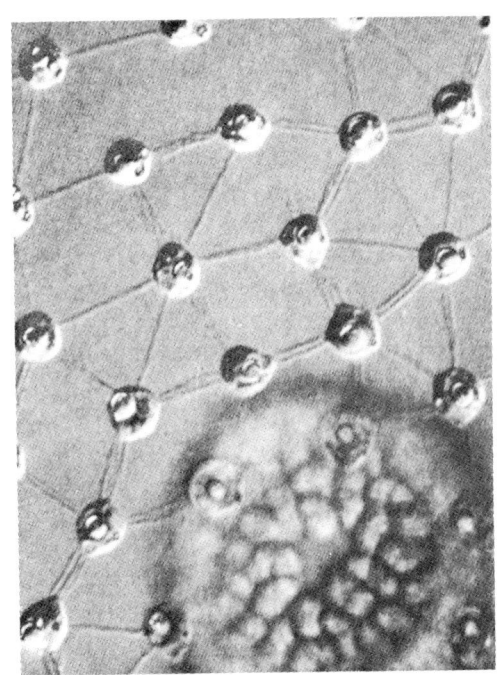

Abb. 1: Dünne Plasmafäden halten zwischen den Zellen des *Volvox aureus* den lebendigen Kontakt (aus Schneider).

telbar aufeinander abstimmen können). Vielmehr bleibt jedes Einzelwesen einer solchen Kolonie in allen Funktionen selbständig; vor allem kann es immer noch seinesgleichen zumindest durch einfache Zellteilung hervorbringen. Das Leben zeugt sich ohne Leichnamsbildung immer weiter fort, solange nicht äußere Umstände den Tod erzwingen.

Wie die Verbandsbildung vor sich geht, zeigen die dabei auftretende Gestalt- und Zahlengesetzmäßigkeiten. Während die in mehreren Arten bei uns vorkommende Hüllalge *Chlamydomonas* noch einzellig ist, die Tochterzellen also rasch jeden Kontakt miteinander verlieren, bleiben bei der Oltmans-Alge *Oltmansiella* immer vier Zellen in linearer Reihung verbunden. Eine andere Gattung, die nahverwandte Mosaiktafelalge *Gonium*, ordnet sich mit vier (*Gonium sociale*) oder sechzehn Zellen (*Gonium pectorale*) in der Fläche zu tafeliger Gestalt an. *Pandorina morum,* die Maulbeerkugelalge, stellt sich mit sechzehn, gelegentlich auch mit zweiunddreißig Zellen, in eine Kugelform von andeutungsweise ovoider Gestalt, in seltenen Fällen auch noch in Tafelform (Oltmans 1922). Die Geißelkugelalge *Eudorina elegans* bildet immer mit zweiunddreißig Zellen eine leicht ellipsoide Hohlkugel aus.

In diesen Kolonien sind die Zellen in einer gemeinsam ausgeschiedenen Gallerte eingebettet, und in dieser vermag die einzelne Zelle noch immer «alles». Jede besitzt wie *Chlamydomonas* und auch wie bei allen weiteren zu besprechenden Formen zwei beweglich schlagende Geißeln, einen u-förmigen, blattgrünhaltigen Chloroplasten, einen rubinrot leuchtenden Augenfleck und natürlich die üblichen Zellanteile wie Plasma und Kern. Ungeschieden sind noch in jeder dieser Zellen die pflanzliche Eigenschaft der Photosynthese und die tierhaften Eigenschaften der Sinneswahrnehmung und der Eigenbewegung ausgeglichen vereinigt. Und jede Einzelzelle ist noch omnipotent innerhalb ihrer Art; dumpfe totale Vitalität ist ihr eigen.

Bei näherem Zusehen aber entdecken wir bei der Geißelkugelalge *Eudorina elegans* die ersten Anfänge von etwas ganz Neuem. Zwar sind alle ihre 32 Zellen zur vegetativen Vermehrung fähig: Indem jede sich fünfmal teilt, entstehen so 32 wiederum 2^5 = 32zellige Eudorinen. Aber vier Zellen am – von der Bewegungsrichtung her gesehen – hinteren Pol zeigen kleinere Augenflecken und können sich geschlechtlich fortpflanzen.

Die nächstverwandte amerikanische Kugelalge *Pleodorina illinoissensis** bildet auch eine 32er-Hohlkugel mit ellipsoider Streckung, wobei diesmal vier Zellen auffällig klein ausfallen und, am Vorderpol gelegen, besonders große Augenflecken tragen; sie dienen offensichtlich einer gesteigerten Lichtwahrnehmung. Diese vier Zellen aber haben nun jegliche weitere Teilungsfähigkeit eingebüßt. Sie gehen immer zugrunde, wenn sich die Kolonie in ihre Tochterkolonie auflöst. – Man muß dabei realisieren, daß dieses Gebilde im ganzen kaum ein Zehntelmillimeter groß ist. In dieser Winzigkeit wird also ganz exakt – die

---

* *Pleodorina* wird neuerdings in die Gattung *Eudorina* einbezogen.

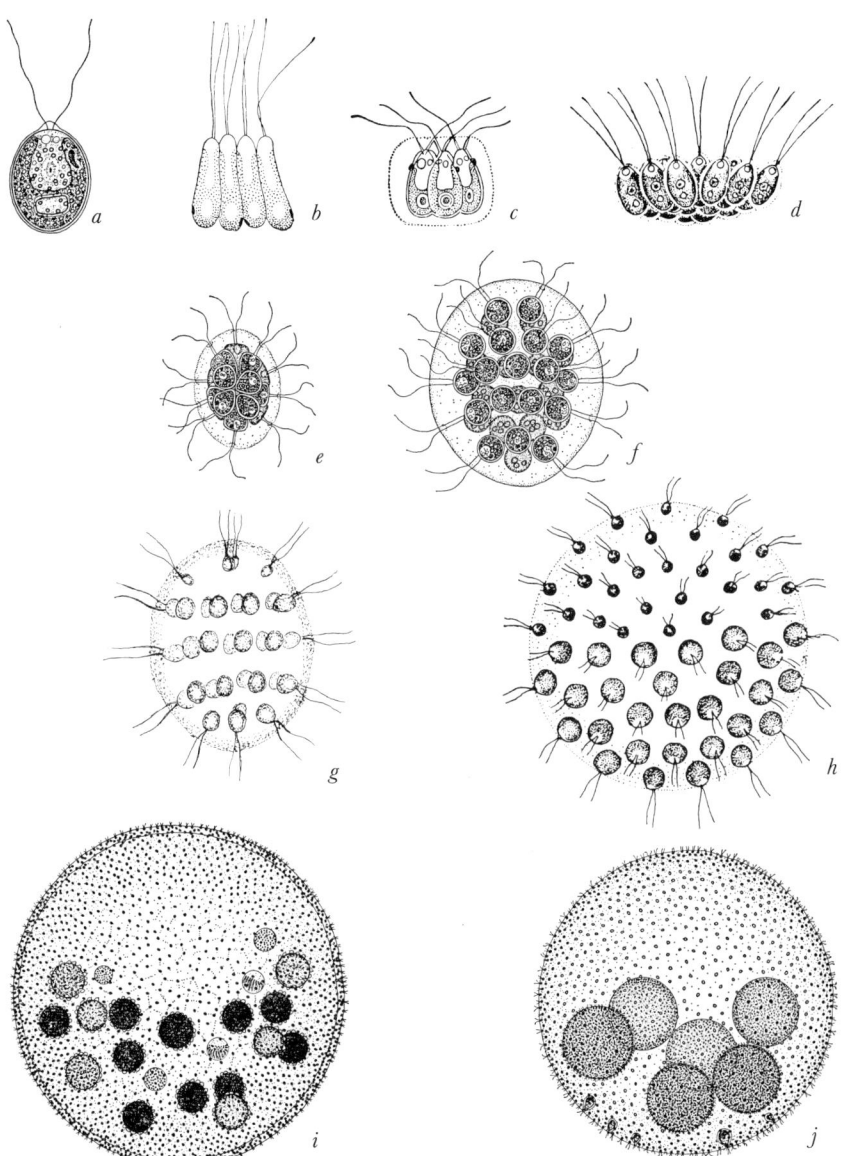

Abb. 2: Verwandtschaftsreihe innerhalb der Grünalgen vom Einzeller bis zum primitivsten Mehrzeller des Pflanzenreiches. (a) Hüllenflagellat, *Chlamydomonas angulosa* (~20 μm); (b) *Oltmansiella lineata*, eine vierzellige Fadenkolonie; (c) *Gonium sociale;* (d) *Gonium pectorale* (Kolonie bis 90 μm); (e) *Pandorina morum* (Kolonie 20–40 μm); (f) *Eudorina elegans* (Kolonie 60–200 μm); (g) *Pleodorina illinoissensis;* (h) *Pleodorina californica;* (i) *Volvox globatur* (Kolonie 350–2000 μm); (j) *Volvox aureus* (Kolonie ~500 μm) (aus Linder, Strasburger, Streble und Krauter, Wurmbach).

vier Sterblichen liegen an der einen der beiden spitzen Stellen des Kugelrundes beieinander! – ein Todespol gebildet. Bei *Pleodorina californica*, die 128 Zellen besitzt, ist schon die Hälfte, 64 Zellen, von dem selbstgeregelten Todesprozeß ergriffen, dadurch kleiner ausgefallen und sogar nur am vordersten Pol mit Augenflecken versehen!

Den Gipfel dieser Reihe erreicht unsere einheimische Wimperkugelalge Volvox. *Volvox aureus* (mit 200 bis 4400 Zellen und einem halben Millimeter Durchmesser) und noch besser *Volvox globator* (mit 1500 bis 20 000 Zellen und bis zu 2 Millimeter Durchmesser) werden dem unbewaffneten Auge gerade sichtbar. Sich kugelnd und drehend schrauben sie sich leuchtend grün dem Licht entgegen und können in nährstoffreichen Gewässern bei Massenentfaltung im Sommer die grüne Wasserblüte erzeugen. Alle Geißeln einer Kugel schlagen koordiniert im Gleichklang. Während bei allen vorher besprochenen Verwandten die Abstimmung der Geißeln in der Kolonie vermittels der äußeren Wasserbewegung zwischen ihnen stattfindet, sind bei Volvox alle Zellen durch Plasmabrücken miteinander verbunden, die die Koordination eigenlebendig herstellen (Dolzmann). Hier haben wir keine Kolonien mehr vor uns, sondern echte Mehrzeller mit Gewebeverbänden.

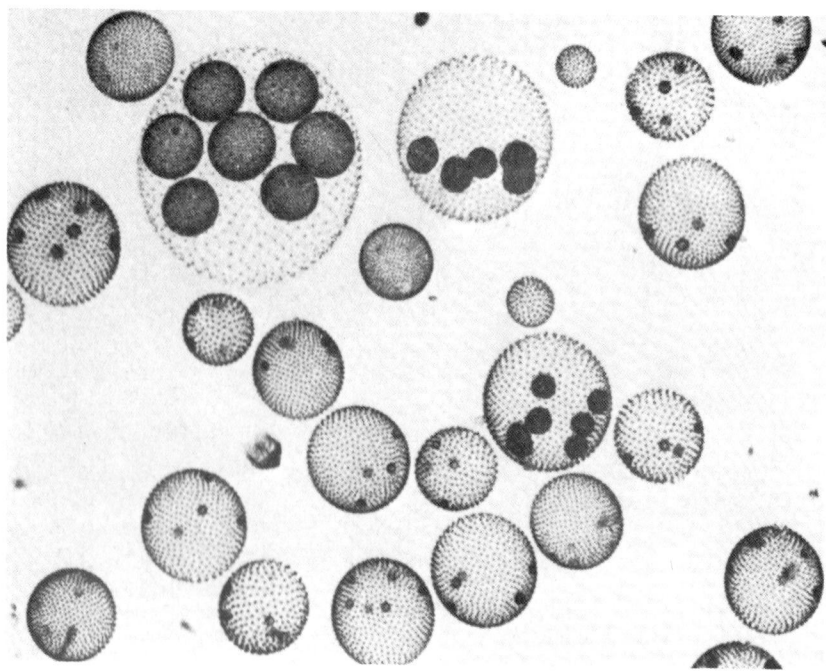

Abb. 3: Die Kugelalge *Volvox aureus* in verschiedenen Entwicklungsstadien (aus Schneider).

Weit ist die funktionelle Unterteilung in die zum Sterben determinierte Vorderkugel (sensitive, somatische Hemisphäre) und die potentiell unsterblich verbleibenden «Keimbahnzellen» der hinteren Halbkugel (generative Hemisphäre) getrieben. Trotzdem werden nur wenige der hinteren Zellen durch zusätzliche vegetative Teilungen oder geschlechtliche Differenzierung mit ihren Tochterzellen in die nächste Generation übergehen. Nur diese wenigen, allerdings etwas größeren, ihre ungebrochene Vitalität gleichsam zur Schau tragenden Zellen übernehmen die Vermehrung. Und nun wieder das Entscheidende: Die vorderen Zellen haben ihre Bewußtseinsleistung gesteigert. In gleitenden Übergängen – die Augenflecken sind am Vorderpol sechs- bis achtmal größer als am generativen Pol – sind sie lichtempfindlicher als die übrigen! Sie bilden, nicht nur im Sinne der Bewegungsrichtung, den «Kopf-Pol».

Eigentlich braucht zu dieser Konstellation nichts hinzugefügt zu werden. Der hellhörig Gewordene erkennt das Leitmotiv. Und ehrfürchtiges Staunen kann eintreten, wenn sich ihm im Bereich des den Sinnen erst neuerdings Zugänglichen im Mikroskopisch-Kleinen ein weltweites, auch im Innern erfahrbares Gesetz offenbart: Vom Kopf her tritt der Tod heran; dort hat er seinen legitimen Platz; dort gehört er hin als der Kunstgriff der Natur, gesteigertes Leben zu haben. Er bleibt der Freund, solange er nicht zum Gegenpol übergreifen muß. Erwachen aber bedeutet Opfergang, Verzicht auf kreatürliches Leben. Der neugewonnene Bewußtseinsinhalt erscheint, wo Organisation zurücktritt.

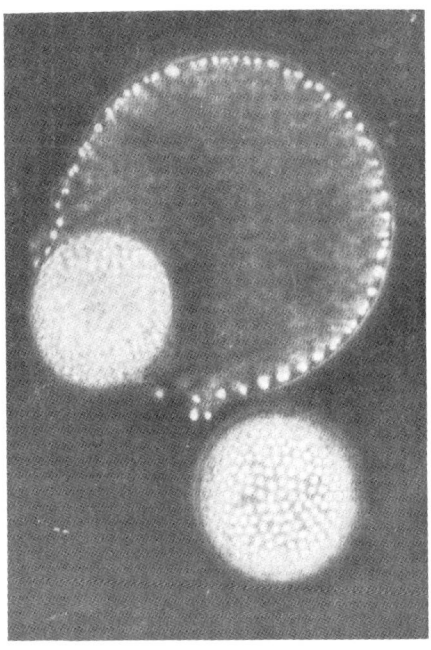

Abb. 4: Die Mutterkugel stirbt in der Freigabe der Tochterkugeln *(Volvox aureus).*

111

Im Märchen ebnet Gevatter Tod seinem Patensohn den Weg zum Arztberuf und steigert seine Erkenntnis- und Handlungsfähigkeit durch elementare Menschenkunde. Er unterweist ihn mit folgenden Worten: «Wenn du zu einem Kranken gerufen wirst, so will ich dir jedesmal erscheinen: steh ich *zu Häupten* des Kranken, so kannst du keck sprechen, du wolltest ihn wieder gesund machen, und gibst du ihm dann von jenem Kraut ein, so wird er genesen; steh ich aber *zu Füßen* des Kranken, so ist er mein, und du mußt sagen, alle Hilfe sei umsonst und kein Arzt der Welt könne ihn retten . . .» Die eben gewonnene Natur-Erkenntnis hebt sich blitzartig auf die Ebene des imaginativen Bildes. Und was vielleicht als vertrautes Bildgut in der Seele träumte, tritt in seiner Wahrheitskraft vor die jungen Menschen hin.

Der Schüler einer 11. Klasse hat zehn Jahre zuvor noch in der Welt solcher Märchen gelebt. Er mußte diesen wunderbaren Raum altüberlieferter Mythen und Mysterien mit Notwendigkeit verlassen. Vielleicht ist vorübergehend sogar Geringschätzigkeit eingetreten, weil das, was sich in diesen Bildern zeitlos offenbaren will, noch nicht wieder in Ideenhelligkeit erfaßt werden konnte. So auch die Menschheit: sie wagte nach dem Verlust alter Geistigkeit den Durchbruch nach vorne. Und dort tritt ihr in ganz anderem Gewande, in den Schriftzeichen der Natur, eine neue Mysterienoffenbarung entgegen.

Der junge Mensch empfindet Glück, wenn er auf seinem Entwicklungsweg solche Stufengänge des Welt- und Selbstverständnisses vollziehen kann. Er steht anders in der Welt, wenn er Inneres und Äußeres selbsttätig in Einklang bringen kann, wenn er früh Erlebtes verstehen lernt und im neuerlichen Verstehen immer vollständiger sein Menschsein erlebt.

Literatur

COHN, F. (1875): Die Entwicklungsgeschichte der Gattung Volvox. Beiträge zur Biologie der Pflanze, Jg. 3, S. 93 ff.

DOLZMANN, R. u. P. (1964): Untersuchungen über die Feinstruktur und die Funktion der Plasmodesmen von Volvox aureus. Planta, Bd. 61, S. 332–345.

FORTLAGE, C. (1869): Über die Natur der Seele. In: Acht psychologische Vorträge. Jena.

HARDER, R. in STRASSBURGER, E. (1967): Lehrbuch der Botanik für Hochschulen. Stuttgart.

JANET, C. (1917): Le Volvox. Limoges.

LINDER, H. (1972): Biologie. Lehrbuch für die Oberklassen der höheren Schule. Stuttgart.

OLTMANS, F. (1922): Morphologie und Biologie der Algen. Jena.

SCHNEIDER, H. (1976): Koloniebildende Geißelalgen. Mikrokosmos, Jg. 65, H. 2, S. 33. Stuttgart.

STREBLE, H. und D. KRAUTER (1978): Das Leben im Wassertropfen. Mikroflora und Mikrofauna des Süßwassers – ein Bestimmungsbuch. Stuttgart.

WURMBACH, H. (1968): Lehrbuch der Zoologie, 2. Band. Stuttgart.

WOLFGANG SCHAD

Zum Todesgeschehen in der Natur
Eine Seite des Darwinimus

Charles Darwin faßte seine Erklärung der organischen Wesen am Ende seines Hauptwerkes «Die Entstehung der Arten» in den Sätzen zusammen: «Diese Gesetze sind, im weitesten Sinne genommen, das Wachstum mit der Zeugung, die Vererbung, die sich aus der Zeugung beinahe von selbst ergibt, die Veränderlichkeit durch die unmittelbare und mittelbare Wirkung der Lebensbedingungen und den Gebrauch und Nichtgebrauch, ein Prozentsatz der Vermehrung, der so hoch ist, daß er zum Kampf ums Dasein und infolgedessen zur Naturauslese führt, die das Auseinandergehen der Merkmale und das Aussterben der weniger vervollkommneten Formen im Gefolge hat. So folgt das höchste Ergebnis, das wir uns denken können, die Hervorbringung der höheren Tiere, unmittelbar aus dem Kampf in der Natur, aus Hungersnot und Tod. Es liegt Erhabenheit in dieser Annahme, daß das Leben mit seinen verschiedenen Kräften vom Schöpfer ursprünglich nur einigen oder einer Form eingehaucht sei und daß, während dieser Planet nach den festen Gesetzen der Schwerkraft sich gedreht hat, aus einem so einfachen Anfang unendlich viele Formen von hoher Schönheit und Wunderbarkeit sich entwickelt haben und noch entwickeln.»

Selten haben ehrfürchtige Worte über den göttlichen Schöpfer ihn so unnötig werden lassen wie diese. Es bedurfte nur eines Menschen mit etwas weniger Pietät und mehr Konsequenz, wie es dann Ernst Haeckel war, um auch die bisherigen Vorstellungen vom Beginn des Lebens und der Menschwerdung mit den gleichen Argumenten zu entgöttlichen.

Nach mehr als 120 Jahren überblicken wir zwei Hauptwirkungen des Darwinismus: Die eine ist die reich aufblühende, empirisch so fruchtbare Biologie, die den schon von Goethe (1784) geahnten Evolutionsgedanken mit vielseitigem Anschauungsmaterial belegte; die andere ist der Sozialdarwinismus: das Konkurrenzdenken des westlichen, liberalen Wirtschafts- und Bildungslebens ebenso wie der Herrenmenschenmythos des Nationalsozialismus fühlten sich durch eine Theorie bestätigt, nach der das «Überleben der Tüchtigen durch den Kampf ums Dasein» auch im menschlichen Bereich maßgeblich ist. Selbst der Kommunismus, auch wenn er den Schutz des sozial Unterlegenen propagiert, beruft sich auf ein materialistisches Menschenbild, wie es der Darwinismus überzeugungskräftig unterstützte. Was das letzte Jahrhundert an breiter Front zu denken begann, hat unser Jahrhundert politisch angewandt (Koch 1973).

Der Darwinismus hat mit seiner positiven und negativen Seite historischen Fortschritt und historische Schuld erbracht. Diese Gefahr liegt im Thema selbst, bezieht es doch mit seinen Aussagen über Entstehen und Vergehen der Organismen auch Stellung zu den Grenzfragen des menschlichen Lebens. Hier soll versucht werden, die *berechtigte* Seite des Darwinismus ins Auge zu fassen, denn nur dann kann auch seine negative Seite beurteilt werden.

Zu Darwins Leistungen gehört es nicht, den Gedanken der gemeinsamen Entwicklung der Organismen, Evolution oder auch Deszendenz genannt, zuerst geäußert zu haben. Dieser war schon vor ihm vielfach, z. B. von Buffon, Herder, Goethe, Oken, Saint-Hilaire, Lamarck, Lyell, ja auch von Darwins Großvater (Erasmus Darwin), geäußert worden. Unter *Darwinismus* versteht man vielmehr die Deutung, die Charles Darwin für die *Ursachen* der Naturentwicklung unternommen hat. Sondert man alle historisch bedingten Unklarheiten im Darwinschen Werk ab, so verbleiben im heutigen Neodarwinismus als wesentliche Ursachen:

1. die erblichen Variationen (heute *Mutationen* genannt),
2. ihre Erhaltung durch eine passende Umwelt (z. B. *Isolation* auf raubtierarmen Inseln) oder
3. ihre Ausmerzung *(Selektion)*, wenn die Umweltbedingungen (Klima, Nahrung, Raubtiere, Schmarotzer usw.) das Überleben verhindern.

Indem immer nur der für eine bestimmte Umgebung Taugliche überlebt und sich fortpflanzt, würde sich somit die Lebewelt fortlaufend passiv von selbst vervollkommnen.

Man kann nun die Frage näher untersuchen, ob Pflanze, Tier und Mensch die Folgen der reinen Anpassung und Eingliederung in die vorgegebene Umwelt sind. Kipp (1948, 1980) und Schad (1971) haben eingehend dargelegt, daß die Höherentwicklung der Lebewesen im Laufe der Erdgeschichte gerade in der stufenweisen Emanzipation von den schwankenden Umweltbedingungen besteht und von der sekundären Spezialisation auf eine bestimmte Umwelt hin unterschieden werden muß. Die vorliegende Betrachtung unternimmt noch etwas anderes. Sie möchte sich auf die Rolle der Selektion in der *gegenwärtigen* Lebewelt beschränken. Hier können wir das Leben immer unmittelbar beobachten und die Frage nach dem Sinn des Todesgeschehens in der Natur näher verfolgen. Fragen wir nach den beobachtbaren Tatsachen.

Wer einmal einige Jahre die «Goethe-Pflanze», jene madagassische Keimzumpe (*Bryophyllum*)*, pflegte, die an den Kerben der Blattränder im überreichen Maße neue Pflänzchen treibt, topfte diese wohl immer wieder neu ein, um wie Goethe die vervielfältigte Selbsterneuerung jedesmal aufs neue bestaunen zu können. Wenn alle Fensterbänke besetzt und alle Freunde beschenkt sind, ist

---

*   Goethe pflegte *Bryophyllum calycinum* (heute *Kalanchoe pinnata* genannt). Die Art, die noch leichter aus ihren Blättern Jungpflanzen hervorsprossen läßt und daher zumeist auf unseren Fensterbänken gezogen wird, ist *Bryophyllum daigremontanum* (heute *Kalanchoe daigremontana* genannt).

dem Segen nur noch dadurch beizukommen, daß er auf den Kompost oder in den Mülleimer wandert. – Ein Mäusepaar kann sich schon nach vier Monaten mit Kindern und Kindeskindern auf 150, in zehn Monaten auf 2500 Tiere vermehren. – Stubenfliegen zeitigen im Jahr sieben Generationen, wobei jedes Weibchen etwa 120 Eier legt, von denen etwa die Hälfte wieder Weibchen ergibt. Das macht in einem Jahr 60^7 = 5,6 Billionen Stubenfliegen, die bei einem Einzelgewicht von 14 Milligramm rund 78 000 Tonnen schwer sind. Im zweiten Jahr würden daraus bei gleicher Vermehrungsrate 219 Billiarden Tonnen entstehen (wieviel Einzeltiere?). – Ein Bakterium teilt sich bei passenden Bedingungen alle zehn Minuten, so daß in einer Stunde 2^6 = 32, nach zwei Stunden 2048, nach drei Stunden 65 536 Bakterien entstehen können. In zwölf Stunden, in einem Tag . . .? Ein Karpfen bringt im Laufe seines Lebens bis 50 Millionen Eier hervor, ein Bandwurm 100 Millionen.

Passende Lebensbedingungen vorausgesetzt – und die Lebewesen der Erde würden sich in solch unglaublichem Maße vervielfältigen, daß die astronomischen Weiten des ganzen Weltalls in kurzer Zeit davon erfüllt würden. Gerade die niederen und niedersten Lebewesen wären mit ihren großen Vermehrungsraten daran maßgeblich beteiligt, wenn sie nicht selbst zu den «passenden Lebensbedingungen» der höheren Organismen gehören würden, denen sie als Nahrung zukommen. Damit aber wird deutlich, daß ein Organismus wirklichkeitsgemäß nicht für sich allein betrachtet werden kann. Er steht immer in einem Zusammenhang, der alle Naturwesen letztlich auf das engste existentiell miteinander verbindet. Es kann keinen Zweifel daran geben, daß der größte Teil der Lebewesen nicht am physiologischen Alterstod, sondern vorzeitig zugunsten des allgemeinen biologischen Gleichgewichts stirbt. Und nur indem dies geschieht, kann sich jede Organismenart erhalten, da sie von der Erhaltung des biologischen Gleichgewichts, das sie trägt, voll abhängt. Nimmt eine Organismenart überhand, so bekommt auch ihr zugehöriges Raubtier oder ihr Schmarotzer biologischen Auftrieb, vermehrt sich dabei verstärkt und vermindert zugleich jene Art wieder auf das gehörige Maß. Und es kann keine Frage sein, daß der vorzeitige Tod im gesunden Naturgefüge vermehrt den physiologisch Schwächeren, die jungen und die kränklichen Formen gegenüber den Kräftigeren trifft. Ein Brachacker wird zuerst die zarten Pionierpflanzen tragen, die von den nachwachsenden Wiesenpflanzen verdrängt werden. Wo das Raubwild fehlt, und die meisten Arten sind in Mitteleuropa schon ausgerottet, wird das übrige Wild schwächlich, greift der Mensch nicht sinnvoll jagend ein. Die kraftvolle Schönheit des Wildtieres gegenüber dem formloseren Haustier wird sicher durch die natürliche Selektion erhalten. Dem Übermaß an Vermehrungsfähigkeit steht ein gleichgewichtiges Sterben des Überschusses, besonders der noch jungen, kranken oder alternden Individuen, gegenüber.

Die Lebensgemeinschaften oder, wie der Biologe sagt, die Biozönosen verhalten sich also wie ein einzelnes Lebewesen, in welchem die Aufbau- und Abbauprozesse fortwährend in einem dynamischen Gleichgewicht zueinander stehen. So wird uns das einzelne Lebewesen selbst zum urbildhaften Muster für die Biozönose. Im Aufbau wächst, regeneriert und vermehrt sich der Organismus, im Abbau formt und differenziert er sich und schränkt sich auf die ihm gemäße Gestalt und Größe ein. Die positive, gesunderhaltende Funktion geordneter Absterbeprozesse gerade auch schon während der embryonalen Entwicklung ist heute gut bekannt (Saunders), gilt aber ebenso für das ganze Leben von Tier und Mensch. Würden zum Beispiel im menschlichen Organismus die Wachstumsprozesse überhandnehmen, so begänne ein Chaos, das zum Zusammenbruch des Lebens führen müßte, wie wir es als Krankheitsfall bei der wild wuchernden Krebsgeschwulst kennen. Im gesunden Organ wird die fortwährende Erneuerung vom zugehörigen Abbaugeschehen überlagert und so auf das dem Ganzen des Organismus zuträgliche Maß gebracht. Sogar jeder Knochen erfährt im Leben fortwährend Auflösung und Neubildung und lebt nur in diesem dynamischen «Fließgleichgewicht» gesund. Der in den Biozönosen wirkenden natürlichen Selektion entspricht das formende Abbaugeschehen im Einzelorganismus.

Schon Roux verglich 1881 diese «Intraselektion» im Inneren des Organismus mit der «Extraselektion» unter den Organismen. Er verfiel allerdings dabei einer zu anthropomorphen Betrachtungsweise, indem er vom Kampf der Zellen und Moleküle ums Dasein sprach. Hertwig lehnte deshalb 1916 eine solche

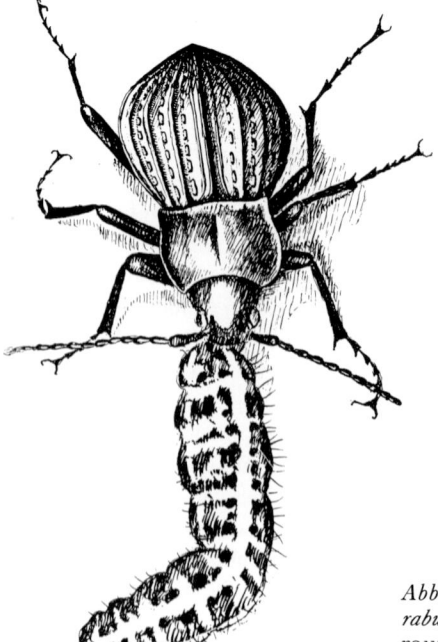

Abb. 1: Ein einheimischer Laufkäfer *(Carabus cancellatus)* tötet eine Kohlweißlingraupe (nach einem Foto von F. Scherney).

116

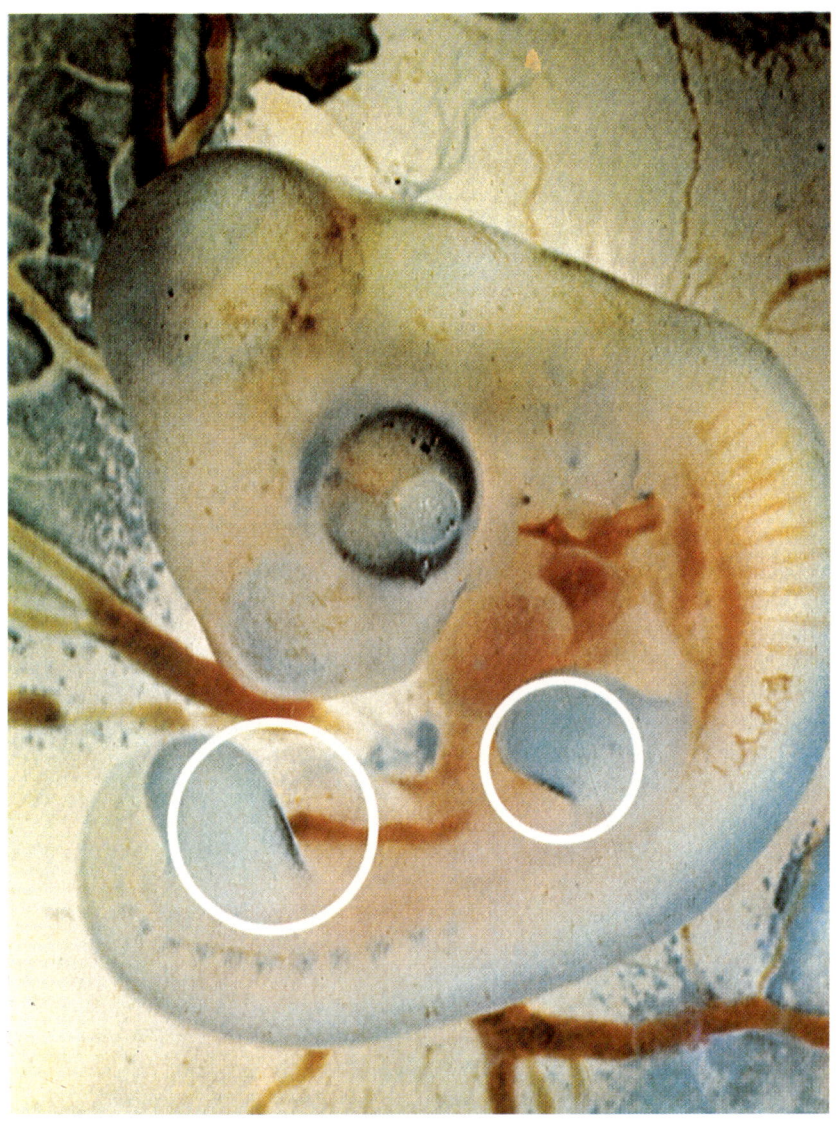

Abb. 2: Vier Tage alter Hühnerembryo. Mit Hilfe eines blauen Farbstoffes, der nur tote Zellen anfärbt, können die Bezirke mit den absterbenden Zellen festgestellt werden. Deutlich sind in den Flügel- und Fußknospen die Veranlagungen des Ellbogen- und Kniegelenkes bemerkbar. Die Absterbevorgänge unterstützen die Gestaltungsvorgänge (Foto: J. W. Saunders, aus Tanner et. al.).

Betrachtung ab: «So hat doch der Chemiker bisher nicht daran gedacht, an Stelle der Affinitäten und Valenzen zur Erklärung der von ihm dargestellten chemischen Verbindungen den ‹Kampf der Moleküle im Reagenzglas› zu verwenden.» Doch ist dadurch die berechtigte Seite des Rouxschen Vergleichs in Vergessenheit geraten. Sie besteht darin, daß ein Verständnis des Abbaugeschehens im Einzelorganismus auch ein Licht auf das Todesgeschehen innerhalb der Lebensgemeinschaften werfen kann. Der Vorgang der Selektion wird in seiner Notwendigkeit für das Lebensgeschehen deutlich. Die Natur existiert, indem sie sich in unzähligen Nahrungsketten selbst einschränkt.

Dieser Vorgang spielt sich oft sogar vor der Geburt, also im Übergangsbereich der Intra- zur Extraselektion ab. Bei vielen niederen Tieren, zum Beispiel bei allen Insekten, wächst die Eizelle auf Kosten der zugrunde gehenden Geschwisterzellen heran (Siewing). In der Embryonalentwicklung mancher Strudelwürmer wird ein Teil der Furchungszellen zu bloßem Nährmaterial, welches diejenigen Furchungszellen, die den Embryo ergeben, aufsaugen (Pflugfelder). Das Weibchen des Alpensalamanders trägt 60 bis 80 befruchtete Eier, von denen sich jedoch nur die hintersten zwei entwickeln, während die übrigen zu einer dotterreichen Nährmasse zerfließen (von Schreibers). Beim Hundshai (*Odontaspis taurus*) entwickelt sich von mehreren Embryonen im Muttertier immer nur ein Junges, das seine Mitgeschwister verzehrt (Bild der Wissenschaft). In der Pflanzenwelt ist solch ein embryonaler Frühtod als normaler, ja physiologisch notwendiger Vorgang weit verbreitet. So werden für jeden Samen einer Fichte vier Embryonen angelegt, von denen sich nur einer weiterentwickelt und im fertigen Samen allein vorhanden ist. Fast alle höheren Blütenpflanzen (Bedecktsamer) zeigen die merkwürdige Erscheinung einer doppelten Befruchtung: Neben jedem Pflanzenembryo beginnt die Entwicklung eines zweiten Gewebes, das als Nährgewebe, zum Beispiel im Weizenkorn als Stärkekörper, bei der Keimung verbraucht wird (siehe Schad 1982).

Das alles erscheint recht zweckmäßig, ebenso wie die Tatsache, daß sich der Löwe oder irgendein anderes Raubtier seine Beute schlägt. Aber dürfen wir einen solchen Vorgang nur vom Gesichtspunkt der Zweckmäßigkeit betrachten? Berührt uns nicht alle das Problem des Todes auch bei einem Naturwesen in unserer ethischen Haltung? Wir flüchten zivilisationsmüde im Massentourismus hinaus in die Natur. Bietet sie die beruhigende, Erholung spendende Kraft, oder ist sie voller anonymer Grausamkeit mit dem gnadenlosen Kampf ihrer Wesen ums Dasein? Vor welcher Wirklichkeit stehen wir? Ortega y Gasset schreibt dazu: «. . . daß die Ethik des Todes die schwierigste von allen ist, da der Tod die am wenigsten verständliche Tatsache ist, auf die der Mensch stößt. Der Tod ist schon mehr als rätselhaft, wenn er von sich aus kommt, im Gefolge von Krankheit, Alter und Siechtum. Aber er ist es noch viel mehr, wenn er nicht spontan kommt, sondern von einem anderen Wesen hervorgerufen wird.»

Was vollzieht sich beim Schlagen eines Beutetieres? Wozu die bewunderungswürdige Ausbildung einer herrlichen Antilope, wenn sie doch wieder vergeht,

118

und das oftmals sogar gewaltsam mitten im Leben? Hier bewegt uns nicht nur das biologische Schicksal ihrer leiblichen Substanz, sondern die Frage, was sich dabei seelisch abspielt. Wir wenden uns deshalb besonders den höheren Tieren zu. Der Amerikaner Long, lebenslang ein Tierbeobachter, hat sich diese Frage immer wieder vorgehalten. Dazu schildert er in seinem lesenswerten Buch: «. . . daß die Opfer der Fleischfresser kein Schmerzerlebnis kennen. Das erschrekkende Zupacken eines angreifenden Tieres löst eine Art Schocklähmung oder Betäubung aus, die das geschlagene Tier gegen jede Verletzung unempfindlich macht. Mäuse, Eichhörnchen, Kaninchen, Waldhühner, Hochwild und andere freilebende Geschöpfe, die ich gerade beobachtete, als sie die Beute ihrer natürlichen Feinde wurden, boten mit wenigen Ausnahmen ein Bild erstaunlicher Indifferenz. Sie wußten offenbar nicht, was mit ihnen geschah.»

Grzimek (1967) hat eine Reihe ähnlicher Erfahrungen berichtet: «Ich habe auch oft gesehen, wie ein oder zwei Hyänen kleine Gnus oder Gazellen mitten in einer verstreut weidenden Herde jagten, packten und zerrissen. Wohl versuchte

Abb. 3: Tiger schlägt eine junge Nilgau-Antilope   (Foto in freier Wildbahn von K. S. Sankhala).

die Mutter oder dieses oder jenes Alttier in der Nähe, einzugreifen und die Räuber zu vertreiben; die andere Herde kümmerte sich kaum darum. Der Wildwart Myles Turner sah zu, wie eine Hyäne einen Goldschakal mitten in einer Herde von Thomson-Gazellen jagte und nach vier Minuten fing.»

Was aber macht das betroffene Tier seelisch durch? Grzimek (1959) erzählt dazu: «Es geschieht gar nicht so ganz selten, daß ein scheinbar totes Beutetier unverletzt davonläuft, sobald man den Löwen verjagt. Neulich mußte eine von vier Löwinnen ein Zebrafohlen auf diese Weise fahrenlassen, und das Tierchen lief laut schreiend davon – ein glückliches Zebrakind. Ein paar Wochen später passierte dasselbe vor Myles Turners Augen mit einer Thomson-Gazelle. Genau wie ein kleiner Löwe ganz regungslos wird und nicht zappelt, wenn die Mutter seinen Hals und Kopf zwischen ihre Zähne nimmt und ihn herumträgt, ebenso ist es wohl vielen Tieren, die von Löwen gejagt werden, angeboren, sich ganz instinktiv ruhig zu verhalten, wenn sie gepackt werden . . . Ich nehme sogar an, daß diese Tiere im Rachen des Löwen weder Schmerz noch Schreck verspüren. Ja, ich möchte fast sagen, ich *weiß* es.»

Wie kommt Grzimek zu solch einer weitreichenden Aussage? Durch die Selbstberichte von Menschen, die von Großraubtieren angefallen worden waren und überlebten. So wurde einst der bekannte Afrika-Forscher David Livingstone von einem Löwen gepackt und weggeschleppt. Später berichtete er: «Der Löwe knurrte mir scheußlich in die Ohren und schüttelte mich so, wie ein Terrier eine Ratte schüttelt. Der Schock erzeugte einen Stupor, ähnlich wie ihn eine Maus empfinden mag, die von einer Katze gefaßt wurde. Er erzeugte eine Art Unempfindlichkeit, in der weder Schmerz noch Schreck gefühlt werden, obgleich ich noch völlig bei Bewußtsein war. Es war wie bei einem Patienten unter leichter Einwirkung von Chloroform, der alle Handgriffe der Operation sieht, aber das Messer nicht mehr spürt. Dieser einzigartige Zustand war nicht die Folge eines geistigen Vorganges, sondern der Schock wischte alles Furchtempfinden aus und schaltete jedes Entsetzen aus – selbst im unmittelbaren Anblick des Löwen.» Wenige Augenblicke später wurde der Löwe von den Gefährten Livingstones verjagt (Grzimek 1959).

Am Ende des letzten Jahrhunderts sammelte der Engländer Hirst alle ihm zugänglichen Erlebnisberichte von Großwildjägern, die ähnliche Überfälle überstanden hatten. Von den 66 angeführten Fällen berichten außer zweien alle, daß der Überfall in einer schmerzlosen Weise, vielfach auch ohne Angst und Entsetzen durchlebt wurde. Hirst beschließt diese Sammlung von Erfahrungen mit einem Blick auf die Tiere: «Und bis der Tod zu einem nach dem anderen von den Kindern der Natur kommt – ein Tod, frei von Schrecken und Todesangst, welche unsere Einbildung grundlos für so groß hält, die Wohltat des Lebens zu entwerten – wie glücklich sind die Wesen des Waldes und des Feldes, der Flüsse und des Meeres! Obgleich der Gefährdung ausgesetzt, hängt über ihnen nicht die Wolke der ängstlichen Erwartung, weil sie, wenn überhaupt, nur in einem geringen Grade die Möglichkeit besitzen, zurückzublicken und vorauszuschauen ... Besteht nicht angesichts dieser Tatsachen ein guter Grund für die Hoffnung, daß der Schmerz, der mit dem Gesetz der Beute verbunden ist, unendlich geringer ist, als allgemein vermutet?» Damit nehmen manche der angesprochenen Probleme eine andere Gestalt an. Die vielzitierte Grausamkeit der Natur entpuppt sich als allzumenschliche Einbildung.

Doch darf nicht übersehen werden, daß in einzelnen Fällen ein Beutetier auch einmal eines schmerzvollen Todes stirbt. Das kommt bei den ersten Beuteversuchen noch junger Raubtiere und gelegentlich ebenfalls beim ungeschickten Zufassen der erfahrenen Tiere vor. Dieses Restproblem muß gesehen werden, denn nur, wenn wir auch hier zu einer angemessenen Klärung kommen, finden wir die richtige Einstellung zum Tier. Sonst behelfen wir uns doch nur weiter mit «mutig-kalten» Vorstellungen oder sentimentalen Gefühlen.

Was ist *Schmerz*? Jeder Mensch kennt ihn. Und doch unterscheiden wir gewöhnlich nicht, daß es drei Stufen des Schmerzes gibt. Das eine ist der leibgebundene Verletzungsreiz, das physiologische Trauma, die körperliche Apperzeption. Diese Wahrnehmung spielt sich noch auf einer recht unbewußten Ebene ab, weswegen wir sie leicht übersehen. Sie wird zumeist rasch von der psychischen Ebene ergriffen, und nun entsteht das normale körperliche Schmerzempfinden. Aber es muß nicht entstehen: Wird die seelische Aufmerksamkeit abgelenkt, wie es der Arzt bei einer schmerzhaften Angelegenheit oft geschickt bewerkstelligt, so bleibt nur ein schmerzloses Unwohlsein. Auch im oben geschilderten Schockzustand kann das Seelische die leiblichen Eindrücke nicht aufgreifen. Soweit nicht Ablenkung oder Schock erfolgt, tritt der seelisch ergriffene Schmerz beim Menschen und sicherlich auch bei den höheren Tieren auf. Der Mensch aber kennt noch eine dritte Form des Schmerzes, die zwar nicht eindeutig, aber noch am ehesten als Trauer bezeichnet werden kann. Ist schon der Schmerz nicht völlig an den Verletzungsreiz gebunden, so noch viel weniger die Trauer an den Schmerz. «Es ist uns nicht ohne weiteres gegeben, auf Kommando zu trauern. Trauer ist ein Gefühl, mit dem wir etwas bewirken: Wir überwinden in ihr langsam den Schmerz ... Der langsame Ausklang der Trauer, die Verinnerlichung des Verlustes, ist der normale Ablauf dieses Gefühls» (Mitscherlich).

Das Tier kennt das seelische Erlebnis der Schmerzwahrnehmung, aber es kennt nicht die Verinnerlichung des Schmerzes zur individuellen Trauer. Und damit hängt zusammen, daß das Tier sich nicht individuell gegen sein Schicksal aufbäumt. Es würde sein Schicksal z. B. nie persönlich als einen unglücklichen Zufall empfinden. Dieses «Warum gerade ich?» kennt nur der Mensch. Auch wenn das Tier einen schmerzvollen Tod durchmacht, sollten wir uns davor hüten, es mit ähnlichen Mitgefühlen zu vermenschlichen. Der tierische Tod kann nicht mit dem Tod eines Menschen gleichgesetzt werden. Der Vergleich ist weiter zu fassen.

Der Mensch ist ja nicht nur «Mensch», sondern er ist einmal ein physisches Wesen und trägt damit die materielle Welt in sich, er ist weiter ein lebendes

Wesen und besitzt so gemeinsame Fähigkeiten mit der Pflanzenwelt, er besitzt drittens eine emotionale Seelenschicht, die ihn mit dem Tier verbindet, und erst der vierte Anteil, durch den er seelisch am Geistigen teilhat, ist sein rein menschlicher Wesenskern. Alle Naturreiche sind dabei in ihm so vorhanden, daß sie letztlich miteinander auskommen. Und so läßt sich am Menschen im kleinen verfolgen, wie die Naturreiche auch außerhalb des Menschen zueinandergehören. Es ist der methodische Vorteil der anthroposophischen Betrachtung, daß sie im Menschen das beispielhafte Urbild findet, um die Zusammenhänge in der Welt, ohne der Einseitigkeit etwa nur einer Betrachtungsebene zu verfallen, zu verstehen: die Nahrungssubstanz, die der menschliche Organismus aufnimmt, wird bis zur zartesten Konsistenz aufgelöst, jeglicher Kristallisation entzogen, unabhängig von der Schwerkraft verteilt und eben in einen Zustand gebracht, in dem sich das Leben verwirklichen kann. Das für die unbelebte Natur charakteristische Verhalten, ein stabiles physikalisches und chemisches Gleichgewicht einzunehmen, wird fortwährend verhindert. Der Stoff wird in die kurzfristig wechselnden Zustände labiler Fließgleichgewichte gebracht. Leben besteht in der teilweisen Verhinderung des nur anorganischen Verhaltens, ohne dasselbe ganz zu ersetzen. – Im menschlichen Organismus dürfen sich die Lebensprozesse nun aber ebensowenig ungehindert ausbreiten. Er käme sonst nie über das Stadium dauernden Tiefschlafes hinaus. Im Wachzustand drängen die seelischen Regungen vermittels der Nerven-Sinnes-Organisation die vitalen Prozesse zurück. Seelisches verwirklicht sich nur, indem das reine Leben partiell zerstört wird. Man denke dabei auch an die Tierreihe, wo mit der zunehmenden Höhe der seelischen Befähigung die leibliche Regeneration abnimmt (Regenwurm – Molch – Eidechse – Säugetier). Das Seelische darf zwar den lebendigen Aufbau nicht völlig zerstören, der Mensch muß auch immer wieder schlafen. Im Wachzustand verhindert aber das Seelische das Aus- und Überwuchern der Wachstumskräfte im Organismus.

Und noch ein weiterer Schritt ist möglich. Die seelischen Triebe, Begierden, Wahrnehmungen, Emotionen und Reaktionen werden ihrerseits zurückgedrängt, wenn sich der Mensch geistig produktiv realisiert. Eine gesunde Geistigkeit wird sie nie ausrotten wollen, vielmehr auf ein geordnetes Maß bringen. In der Selbsterziehung, auch wenn sie seelisch schmerzhaft ist, hat immer der Mensch die Befreiung zu seinen eigensten Fähigkeiten erlebt. – Physis, Leben, Seele und Geist kommen dadurch miteinander aus, daß jede Ebene teilweise zurücktritt, wenn die höhere einsetzt. Es verwirklicht sich die nächsthöhere Stufe immer durch eine partielle Zerstörung der sie tragenden.

Was sich so in der kleinen Welt des Menschseins abspielt, findet unindividualisiert ausgebreitet in der Gesamtheit der Natur statt. Wo der Stein durch die Verwitterung die Mineralform verliert und zur Ackerkrume zerfällt, kann er in pflanzliche Substanz übergehen. Wo Pflanzen sterben, verwirklicht sich etwas vom Nächsthöheren, es tritt Seelisches auf. Indem die Pflanzen den Tieren zur Nahrung dienen, haben wir diesen Vorgang unmittelbar vor uns. Rudolf Steiner

(1907) berichtet nun als übersinnliches Forschungsresultat, daß jedes Abreißen, und zwar der oberirdischen Teile einer Pflanze, Wohlgefühle für den Erdorganismus entstehen läßt. Beim Mähen des Kornfeldes oder beim Weiden der Kühe gehe ein Hauch von Wohl-Lust über die Erde. – Noch etwas anderes geschieht beim Tiertod. Wo ein Tier stirbt, bedeutet das für die Gesamtheit der Erde, daß etwas von dem Begierdenleben und den Triebhaftigkeiten auf ihr überwunden wird. Und das gilt durchaus auch in geistiger Hinsicht. Es geschieht dabei ähnliches wie bei der Einschränkung der Emotionen im Menschen. Rudolf Steiner (1918) schildert hierzu ebenso direkt, daß besonders das höhere Tier im Todesaugenblick «etwas wie einen Anflug eines Ich-Bewußtseins» hat, so wie es der wache Mensch von sich fortwährend besitzt.

Von dieser Warte aus erhält der *Tod* in der Natur ganz verschiedenen Wirklichkeitscharakter. Der Tod von Pflanze, Tier und Mensch muß prinzipiell voneinander unterschieden werden (Steiner 1912). Vergeht eine Pflanze, so spielt sich draußen in der gesunden Landschaft ein ähnlich notwendiger Vorgang ab, wie in den Leibesprozessen des Menschen, etwa wenn er aus dem Schlaf erwacht. In der natürlichen Selektion des bloß Vegetativen lebt die Empfindungsfähigkeit der Erdenlandschaft. Beim Tiertod, auch wenn er schmerzhaft ist, vollzieht sich ebenfalls etwas Wesentliches für das Übersinnliche der Erde. Was der Mensch individuell kennt und, oft auch für ihn mit seelischen Schmerzen verbunden, selbst vollziehen muß, eben die Selbstzucht und Beschränkung der Begierdennatur, das geschieht in naturhafter Weise, leiblich vorgeschrieben, an der Tierwelt durch die Raubtiere. In der natürlichen Selektion des seele-begabten Tieres blitzen Ich-Erfahrungen auf. Es vermenschlicht sich hier gleichsam die Natur in noch unindividueller, anonymer Weise. Der schmerzhafte Tod eines Tieres, auch wenn er weit seltener ist als wir gewohnt sind anzunehmen, hat seine seelisch-geistige Bedeutung für das Weltganze, mehr noch als der heutige Selektionstheoretiker mit seinen bloß-kausalistischen Vorstellungen ahnt. Und Darwins Formulierungen vom grausamen Kampf ums Dasein stellen sich als erhebliche Anthropomorphismen heraus, die, weil sie das Tier falsch sehen lehrten, wieder zurück auf den Menschen übertragen, soziale Verwirrung hervorgerufen haben.

Nicht durch eine anthropomorphe, sondern durch die anthroposophische Betrachtung finden wir zu einem differenzierten Bild vom Tode. So aber schließen sich die Naturerscheinungen und das ethische Problem des Todes in gegenseitiger Ergänzung zusammen. Auf eine neue Weise gewinnen wir wieder ein klares Verhältnis zur Natur. Wir werden nicht teilnahmslos kalt dem Welken einer Pflanze und dem Sterben eines Tieres gegenüberstehen, weil wir anfänglich ahnen, was sich seelisch und geistig ereignet. Und wir werden andererseits nicht in die Sentimentalitäten derer verfallen, die dem einzelnen Tier eine menschliche Persönlichkeit andichten. Das Einzeltier ist durch seinesgleichen austauschbar, ein einzelner Mensch nie.

Aber ebensowenig wie ein einzelner Mensch ist eine ganze Tierart durch eine andere ersetzbar. Die Gesamtheit einer Tierart ist so einmalig wie ein Mensch. Der Tod eines Tieres ist das Ende eines unindividuellen, ersetzbaren Anteiles seiner Art. Dem Tode eines Menschen aber entspricht der Verlust einer ganzen Tierart. Nicht die Tötung eines Tieres, aber die Ausrottung einer Tierart ist Mord. Was hiermit ideell beschrieben ist, lebt als sicheres Gefühl in den meisten heutigen Biologen. Der weltweite Naturschutzgedanke ist dafür ein beredtes Zeichen. Das einzelne Tier wird nicht in jedem Falle geschützt, sondern nur, wenn seine unwiederbringliche Art bedroht ist. Der Tod eines einzelnen Tieres kann uns schmerzlich berühren. Der Tod einer Tierart aber ist es, der unsere Trauer fordert und unser Gewissen belasten muß.

Da die Denkgepflogenheiten der Naturwissenschaft zunehmenden Einfluß auf die Gestaltung der menschlichen Gesellschaft gewinnen, werden unsere Auffassungen über die Selektion in den Naturreichen zugleich die menschliche Existenz in den nächsten Jahrzehnten mitentscheiden. Seit dem Ciba-Symposion in London 1962 steht eine biologische Manipulation des Menschen zur Debatte, die die genetische Veränderung und die juristisch erlaubte Tötung der überwiegenden, dem Züchtungsideal nicht entsprechenden «Nieten» plant. Packard (1978) hat über den neueren Stand berichtet. Die nationalsozialistische Eugenik und Euthanasie nimmt sich demgegenüber geradezu provinziell aus. Es kann deshalb nur dankbar begrüßt werden, daß nun acht Hochschulprofessoren des deutschsprachigen Bereiches aus der Sicht ihrer Disziplinen gegen die physische Selektion von Menschen eine klare Stellung eingenommen haben (Wagner 1969). Was uns nottut, ist die naturwissenschaftliche Beschreibung und das geisteswissenschaftliche Verständnis, wie beim Menschen die von außen formende Selektion der übrigen Naturreiche in die eigene, aus moralischem Urteil geleistete Selbstbestimmung übergeht, die ihm die Unantastbarkeit vor jeglicher Manipulation verleiht. Was wir heute nicht aus innerer Selbstselektion als Erkenntnis hierzu zu leisten gewillt sind – dazu werden wir sonst durch weitere Katastrophen von außen her gezwungen werden.

Literatur

Bild der Wissenschaft (1968), Jg. 5, Heft 9, S. 806.
Ciba-Symposion (1962): Man and his future. Deutsche Ausgabe: Das umstrittene Experiment der Mensch – Siebenundzwanzig Wissenschaftler diskutieren die Elemente einer biologischen Revolution. München, Wien, Basel 1966.
DARWIN, Ch. (1859): On the origin of species by means of natural selection or the preservation of favoured races in the struggle for life. London.
GOETHE, J. W. (1784): Brief an Knebel vom 17. 11. 1784.
GRZIMEK, B. (1959): Serengeti darf nicht sterben, S. 70 u. 71. Berlin.
– (1967): So übel ist die Hyäne gar nicht. Die Zeit, Nr. 23, Juni 1967, S. 42.
HERTWIG, O. (1916): Das Werden der Organismen, eine Widerlegung von Darwins Zufallstheorie, S. 694. Jena.

HIRST, J. Cr. (1899): Is nature cruel? – A partial answer to the question. Experiences of big game hunters and others while under the attack of wild beasts. 2. Aufl. London 1926.

KIPP, F. (1948): Höherentwicklung und Menschwerdung. Stuttgart.

– (1949): Arterhaltung und Individualisierung in der Tierreihe. Verhandlungen der Deutschen Zoologen in Mainz, S. 23–27.

– (1980): Die Evolution des Menschen im Hinblick auf seine lange Jugendzeit. Stuttgart.

KOCH, H. W. (1973): Der Sozialdarwinismus, seine Genese und sein Einfluß auf das imperialistische Denken. München.

LIVINGSTONE, D. (1858): Missionary travels in South Africa. New York.

LONG, W. (1924): Mother Nature – a study of animal life and death. Übersetzt: Friedliche Wildnis, S. 195. Berlin 1959.

MITSCHERLICH, A. (1967): Trauer nach Terminkalender. Die Zeit, Nr. 47, 24. November 1967, S. 18.

ORTEGA Y GASSET, J. (1957): Über die Jagd. rde Nr. 42, S. 103. Hamburg.

PACKARD, V. (1978): Die große Versuchung, der Eingriff in Leib und Seele. Düsseldorf/ Wien.

PFLUGFELDER, O. (1962): Lehrbuch der Entwicklungsgeschichte und Entwicklungsphysiologie der Tiere, S. 59 u. 60. Jena.

ROUX, W. (1881): Der Kampf der Teile im Organismus, ein Beitrag zur Vervollständigung der mechanischen Zweckmäßigkeitslehre. Leipzig.

SANKHALA, K. (1966) in: Das Tier, Nr. 10.

SAUNDERS, J. W. Jr. (1966): Death in Embryonic Systems. Science, Vol. 154, S. 604–612.

SCHAD, W. (1971): Säugetier und Mensch, 10. Kapitel. Stuttgart.

– (1982): Die Vorgeburtlichkeit des Menschen – Der Entwicklungsgedanke in der Embryologie, 4. Kapitel. Stuttgart.

SCHERNEY, F. (1959): Unsere Laufkäfer. Die Neue Brehm-Bücherei Nr. 245. Wittenberg-Lutherstadt.

v. SCHREIBERS (1833): Über die spezifische Verschiedenheit des gefleckten und des schwarzen Erdsalamanders oder Molches und der höchst merkwürdigen, ganz eigentümlichen Fortpflanzungsweise des letzteren. Isis, S. 527–533. Leipzig.

SIEWING, R. (1969): Lehrbuch der vergleichenden Entwicklungsgeschichte der Tiere. S. 345 ff. Hamburg-Berlin.

STEINER, R. (1907): Weihnacht – eine Betrachtung aus der Lebensweisheit (Vitaesophia), Vortrag vom 13. 12. 1907. Dornach 1977.

– (1912): Der Tod bei Mensch, Tier und Pflanze. In: Menschengeschichte im Lichte der Geistesforschung, Vortrag vom 19. 2. 1912. GA 61. Dornach 1962.

– (1918): Menschenwelt und Tierwelt nach Ursprung und Entwicklung dargestellt im Lichte der Geisteswissenschaft. Vortrag vom 15. 4. 1918. In: Das Ewige in der Menschenseele – Unsterblichkeit und Freiheit, S. 255–269. GA 67. Dornach 1962.

– (1918): Gedanken über Leben und Tod. Vortrag vom 16. 4. 1918. In: Erdensterben und Weltenleben, S. 217–234. GA 181. Dornach 1967.

TANNER, J. M. u. G. R. TAYLOR (1965): Wachstum. (Time-Life-Books) Reinbek.

WAGNER, F. (1969): Menschenzüchtung – das Problem der genetischen Manipulierung des Menschen. 8 Beiträge von Wagner, Heitler, Portmann, Schwabe, Kütemeyer, Rahner, Vonessen und Strickrodt. München.

ANDREAS SUCHANTKE

Skizzen zu einer ökologischen Ethik

Wenig ist bisher nachgedacht worden über die Schlüsselrolle, die der Schule in unserer Umweltkrise zukommt. Das ist kaum verständlich, ist es doch die Schule, die dem Kind, dem Jugendlichen das naturwissenschaftliche Weltbild beibringt und damit die gedankliche Fundierung seiner Haltung, seiner Einstimmung gegenüber der Natur. Die dabei übernommenen Denkformen ebenso wie die damit verknüpften emotionalen Haltungen sind dann Grundlage späteren Handelns. Freilich ist es nicht eine Sache der Schule allein, sondern des gesamten Bereiches unseres Geisteslebens – in erster Linie der Wissenschaft selber, sich die entscheidende Frage vorzulegen: wie ist es mit einer Wissenschaft bestellt, die mit dem Anspruch auftritt, die grundlegenden Zusammenhänge erforscht und geklärt zu haben und die dann, wenn ihre Erkenntnisse angewendet werden, durch die eintretenden Katastrophen so oft widerlegt wird? Was ist von einer Biologie zu halten , die immer hochgezüchteter wird, in annähernd gleichem Maße, wie der Biosphäre immer schwerer Schaden zugefügt wird? Was taugt eine Wissenschaft, wenn sie nicht in der Lage ist, auf ihrem eigensten Grund und Boden Einsichten zu entwickeln, die ein sinnvolles Handeln ermöglichen – oder, schlimmer, steht ihre eigene Entwicklung vielleicht sogar in direktem Zusammenhang mit dem zunehmenden Unvermögen der Menschheit, mit dem Lebendigen umzugehen?

Gegenüber diesen Dimensionen wird es klar, daß es nicht genügen kann, die Wirkungen einiger umweltbelastender Stoffe und Technologien in der Schule zu besprechen und vielleicht auch einmal zu einer «Seeputzete» an den Bodensee zu ziehen. Beschränkt sich die Behandlung des Themas auf derlei vordergründige Maßnahmen, so wird nur die Illusion gefördert, mit etwas gutem Willen, ein bißchen Faktenkenntnissen und den richtigen Handgriffen ließe sich das Übel schon abwenden. Verschleiert wird dabei, daß Maßnahmen, die letztlich demselben Geist entspringen wie die zerstörerischen Abläufe selber, überhaupt nichts nützen und schiere Augenwischerei bedeuten; daß es, vor dem Handeln, um eine grundlegende Änderung unseres zutiefst gestörten Verhältnisses zur Natur geht – um den Erwerb neuer Grundlagen als Ausgangsbasis für einen sinnvollen Umgang mit dem Lebendigen.

Ist damit aber nicht der Lehrer hoffnungslos überfordert – wie soll er es richtig machen, wenn ihm die Wissenschaft nicht das Handwerkszeug dazu

126

liefert? Andererseits – ist er denn in einer anderen Lage als jeder von uns, den dieses Problem genauso angeht? Unsere gegenwärtige Krise ist doch nicht von der Art, daß sie sich an Spezialisten, an Autoritäten delegieren ließe, es kommt im Gegenteil darauf an, daß jeder von uns einen Beitrag zu ihrer Lösung leistet. Der Lehrer steht dabei allerdings an besonders verantwortungsvoller Stelle, formt er doch mit am Weltbild der kommenden Generation.

Und er ist auch gar nicht so alleine und im Stich gelassen, wie es zunächst scheinen mag – die «Wissenschaft» im Sinne eines monolithischen Blockes gibt es glücklicherweise nicht, dominierende Richtungen herrschen wohl vor und treten mit großem Anspruch auf, daneben gibt es aber doch allenthalben neue Ansätze und neue Ideen. Diese sind allerdings in den knappen Lehr- und Schulbüchern nicht enthalten, in denen das falsche Bild einer geschlossenen und durchsichtigen Lehre vermittelt und die vielen offenen Fragen verschwiegen werden – fragwürdige didaktische Hilfsmittel. Der Lehrer muß schon Initiative entwickeln und sich selber auf die Suche machen. Die Schüler werden's ihm danken.

Er wird sich dabei vor allem mit zwei Dogmen auseinandersetzen müssen, die in der heutigen Biologie herrschend sind und dieser Wissenschaft einen – anders läßt es sich wirklich nicht formulieren – im Ansatz lebensfeindlichen Charakter verleihen. Das eine ist der *Reduktionismus*, das andere die Ideologie des *Kampfes ums Dasein*, neutrale Selektionstheorie genannt. Von Dogmen und Ideologien zu reden, ist keineswegs übertrieben – beide Theorien gelten als sakrosankt; sie werden nicht mehr in Frage gestellt und sie werden als allgemeingültig angesehen. Bei neuentdeckten Phänomenen wird nur noch gefragt, wie sie sich im Sinne der Theorie interpretieren lassen.

Das Dogma des Reduktionismus lautet, daß sich alles – die Komplexität der gesamten Welt, die Erscheinungen der Natur, Leben und Bewußtsein, letztlich also auch der menschliche Geist – auf die kausalen Mechanismen chemisch-physikalischer Abläufe zurückführen läßt. Dieses Vorgehen ist im Bereich des Unorganischen, Unbelebten, berechtigt, bei der Bildung von Kristallen und Mineralien, aber es versagt beim Versuche, Prozesse und Gestaltungen des Lebendigen zu verstehen. Dort sehen wir natürlich auch chemisch-physikalische Abläufe am Werk – Leben ist ohne sie nicht möglich. Daß sie jedoch das Leben nicht *verursachen,* hat zuletzt Walter Heitler (1968) schlüssig aufgezeigt: «Aus den Gegebenheiten zu einer Zeit . . . folgt zunächst nur das Geschehen im unmittelbar folgenden Moment. Ebenso wirken die Gesetze (der Physik) nur in die unmittelbar räumliche Nachbarschaft. Daraus folgt, daß die Physik den Begriff Gesamtgestalt nicht kennt.» Die zunehmende Kompliziertheit und Differenzierung eines Organismus, der von einer einzigen Zelle seinen Ausgang nimmt und sich in einen Kosmos verschiedenartigster Organe, Gewebe, Zellen verwandelt, die nicht beziehungslos nebeneinander stehen, sondern in wechselseitiger Verwobenheit der Prozesse einer übergeordneten Regie unterliegen – das alles läßt sich aus den Gesetzen der Chemie und Physik nicht ableiten. Diese

«Regie» ist für uns die primäre Wirklichkeit, sie tritt uns als räumlich die Teile übergreifende und zeitlich die Teile austauschende und verändernde *Gestalt* entgegen. Es ist illegitim, sie als subjektive Täuschung, als «Interpretation» eines bloßen «Kausalfilzes» beiseite zu schieben, weil man sie beim analysierenden Untersuchen der Teile nicht wiederfindet. Die Analyse ist ja nur möglich, wenn die Gesamtgestalt, das übergeordnete Ganze, aufgelöst und zerstört wird – real und für das analysierende Bewußtsein. Das Kennzeichen der Gestalt eines lebenden Organismus besteht doch gerade darin, daß sich in ihm die Teile einem höheren Übergreifenden in der Art fügen, *daß nicht mehr sie selber, sondern die übergeordnete Gesamtstruktur, eben die Gestalt, sichtbar wird.* Es ist eine Frage des Gesichtspunktes: Man kann auf den Teil – das Organ, die Zelle, die Elementarprozesse – blicken und ihn dabei in einem Abstraktionsvorgang aus dem Ganzen herauslösen. Das ist nötig, um seinen Bau und seine Verrichtungen kennenzulernen. Verstehen kann man seine Rolle innerhalb des Organismus aber erst, wenn man, bildlich gesprochen, zurücktritt und das Ganze überblickt – also nicht mehr den Teil, sondern das, was *über den Teilen* als Verbindendes, Bestimmendes, Sinnzuweisendes *im Ganzen* wirkt.

Es soll an dieser Stelle nicht all das wiederholt werden, was in so klarer Weise von Heitler (1968, 1974) oder von Matile (1973) dargelegt worden ist, sondern der Blick soll kurz auf die fundamentalen Unterschiede zwischen Bildungen gelenkt werden, die nur chemisch-physikalischen Kausalgesetzen gehorchen, und solchen, bei denen diese Gesetze zwar nicht aufgehoben sind, sich jedoch den übergeordneten Strukturen des Lebendigen fügen.

Einige Kennzeichen eines Organismus haben wir bereits aufgeführt: Er ist nicht nur räumlich, in bezug auf die Lage und Anordnung der Teile, sondern auch in der Zeit differenziert. Die Bildungen und Umbildungen, die Aufnahme und der Austausch der Stoffe folgen ganz bestimmten, dem Organismus inhärenten Gesetzmäßigkeiten, die von Außeneinflüssen nur in sehr engen Grenzen modifiziert werden können. Sie laufen auch nicht einfach linear ab, sondern sind artspezifisch strukturiert und gestaltet – man denke etwa an die festgelegte Reihenfolge und Dauer der verschiedenen Stadien der Insektenentwicklung. Dennoch ist ein Organismus kein abgeschlossenes System, sondern lebt in der Aufnahme von Stoffen aus der Umgebung. Jedes Lebewesen ist untrennbar mit anderen Organismen und mit den abiotischen Komponenten seiner Umgebung verbunden und steht mit ihnen in ähnlich geregelter Wechselwirkung wie die Organe seines eigenen Organismus untereinander. Dadurch ist ein Lebewesen niemals für sich alleine verständlich, sondern nur in Zusammenhang mit seiner Umwelt. Die Art, wie in vielen Lehrbüchern, in den Museen, botanischen und zoologischen Gärten Tier säuberlich neben Tier, Pflanze neben Pflanze angeordnet ist, jedes für sich gleichsam im luftleeren Raum, ist unnatürlich und wirklichkeitsfern.

Ganz anders ist es bei den Gestaltbildungen außerhalb des Lebendigen. Ein Kristall kann vollständig aus den ihm innewohnenden Gesetzen der Physik und

Chemie erschlossen werden, und er folgt allein ihren Bedingungen. Er kennt weder Wachstum noch Differenzierung – wird er größer, dann durch Anlagerung gleichartiger Elemente: zwischen einem kleinen und einem großen Kristall bestehen nur quantitative Unterschiede; ist er nicht durch Beimischungen verunreinigt oder infolge von Außeneinflüssen mit Bildungsfehlern behaftet, so ist er völlig homogen. Er besitzt auch keinerlei innere Zeitstrukturen, ob und wie schnell er sich bildet oder umbildet oder in zeitloser Ruhe verharrt, ist allein von Außeneinflüssen abhängig. *Im Gegensatz zur dynamischen Zeitgestalt des Organismus besitzt er eine statische Raumesgestalt.* Es ist völlig gleichgültig, ob er seiner natürlichen Umgebung entnommen oder in ihr belassen wird. Natürlich kann er mit seiner Umgebung in Wechselwirkung treten, wenn er von außen dazu angestoßen wird (Lösung, Umschmelzung usw.), aber das hat auf die Existenz seiner zeitlosen Gesetze keinen Einfluß; sie sind immer wirksam und tendieren immer zur Ruhe, zur Einfachheit und zum Abschluß aller Prozesse. Die scheinbare Ausnahme in den Erscheinungen der Radioaktivität, bei der es im Anorganischen ebenfalls art-(element-)typische innere Zeitstrukturen gibt, ist höchst aufschlußreich: Die innere Zeit tritt beim Zerfall auf, im Gegensatz zum Lebewesen, wo sie den Aufbau gestaltet.

Der historische Gang der Naturwissenschaft begann mit der Physik, an der sie ihre Methoden entwickelte. Im Fortschreiten ging sie mit diesem Rüstzeug, dem sie so große Erfolge verdankte, an die Erforschung der anderen in der Natur vertretenen Seinsbereiche, anstatt an ihnen neue, den andersartigen Objekten angemessene Methoden zu entwickeln. So kommt es zu einer Erforschung des Lebendigen unter den falschen Voraussetzungen, allein nach den der Materie inhärenten physikalischen Gesetzen zu suchen. Dieses für das Mineralische legitime Vorgehen führt dann notgedrungen zu verhängnisvollen Fehlern, weil die für das Tier- und Pflanzenreich charakteristische Verflochtenheit und Unterordnung der Teile innerhalb eines übergeordneten Ganzen – der Organe und organischen Elementarprozessse in einem Organismus, der Organismen innerhalb einer Lebensgemeinschaft – nicht gesehen wird.

Das hat dann seine Auswirkungen in der Praxis, wo plötzlich unerwartete «Nebenwirkungen» nach Eingriffen in einen Organismus oder eine Lebensgemeinschaft auftreten, die niemand erwartet hatte, – weil man in einem unnatürlichen Abstraktionsvorgang den Schädling X oder den Erreger Y aus seinem Wirkungskreis herauslöst, als isoliertes Phänomen betrachtet und seine Abhängigkeit und Verbundenheit mit dem Ganzen, dem er entnommen wurde, vergißt. Ein gewaltiger «blinder Fleck» ist in der Optik vieler Richtungen der Biologie auf verhängnisvolle Weise von Anfang an mit eingebaut: man merkt nicht, daß man gar keine ursprünglichen Erscheinungen mehr beobachtet, sondern Artefakte, für die Beobachtung, die Untersuchung Verändertes und Zubereitetes.

Die andere Ideologie, die Vorstellung «vom Überleben des Tüchtigsten im Kampf ums Dasein» (so der Untertitel von Darwins «Entstehung der Arten» in sinngemäßer Übersetzung), ist nicht weniger Grundhaltung des Menschen gegenüber der Natur: der ist der Stärkere, der sich das Recht nimmt, sie nach Belieben für seine Zwecke auszubeuten. Bezeichnenderweise wurden diese Vorstellungen ursprünglich gar nicht aus Beobachtungen in der Natur abgeleitet, sondern an der sozialen Situation der menschlichen Gesellschaft im aufkommenden Kapitalismus der Wende des 18. zum 19. Jahrhundert abgelesen. Und sie gehen auch nicht auf Darwin, sondern auf Malthus zurück, der sie 1798, also lange vor Darwin, in seinem «Essay on the Principle of Population» vorstellte, einem Werk, das zahllose Auflagen erlebte. Danach soll, als Folge der Bevölkerungszunahme, der Kampf der Menschen untereinander um die materiellen Existenzgrundlagen immer erbitterter werden und dazu führen, daß sich die Kräftigsten, Tüchtigsten und Rücksichtslosesten auf Kosten der Schwachen durchsetzen. «Es traf sich», so schreibt Darwin 1838, zwanzig Jahre vor Erscheinen seiner «Entstehung der Arten», «daß ich zum Zeitvertreib ‹Malthus on Population› las und, durch langanhaltende Beobachtung der Gebräuche bei Tieren und Pflanzen wohl vorbereitet, den überall ablaufenden Existenzkampf zu würdigen, ging es mir plötzlich auf, daß unter diesen Bedingungen günstige Variationen dazu neigen, bewahrt zu bleiben, und ungünstige, vernichtet zu werden. Die Folge davon würde die Bildung neuer Arten sein». Noch knapper und deutlicher heißt es später in der Einleitung zu den «Origin of Species» an der Stelle, wo ein Überblick über den Aufbau des Buches gegeben wird: «Im nächsten Kapitel wird der Kampf ums Dasein zwischen allen Organismen auf der ganzen Erde betrachtet, wie er sich unausweichlich aus der geometrischen Progression ihrer Vermehrung ergibt. Das ist die Doktrin von Malthus, angewendet auf das Pflanzen- und Tierreich.»

In seinem späteren Werke über «Die Abstammung des Menschen» (1871) kommt Darwin zwar darauf zu sprechen, daß in der Natur auch noch andere Kräfte am Werke seien – Kooperation und Zusammenwirken, – geht aber nicht darauf ein. Diese Einseitigkeit Darwins veranlaßte Kropotkin, russischer Großfürst und Anarchist zugleich, ein Buch über «Gegenseitige Hilfe in der Tier- und Menschenwelt» zu schreiben. Rudolf Steiner hat wiederholt auf dieses Werk aufmerksam gemacht (Götte 1973). Kropotkins Beispiele sind manchmal fragwürdig, vor allem in ihrer Deutung, überdies könnte das Werk heute sehr viel dicker werden, aber es ist immer noch sehr lesenswert (man sollte jedoch eine moderne Arbeit über Tiersoziologie, z. B. von Remane, zuziehen).

Wer hat nun recht, Darwin oder Kropotkin? Ist der Kampf ums Dasein oder, wie Kropotkin meint, die gegenseitige Hilfe ein «Naturgesetz und Hauptfaktor der Entwicklung»? Offenbar sind beide Auffassungen, durch ihre extreme Einseitigkeit, falsch. Beide sind auf ihre Weise ebenfalls «reduktionistisch», da sie die Vielfalt der Erscheinungen auf jeweils *ein* Prinzip einschränken wollen. Beider Vorgehen ist überdies anthropomorph, beide projizieren Erscheinungen und Eigenheiten des menschlichen Soziallebens in die Natur hinein – Darwin gibt es ja selber ganz unbefangen zu.

Einen Lichtblick bedeuten dagegen manche Richtungen der modernen Öko-logie, die erstaunlich wenig mit Ideologie befrachtet sind – vielleicht, weil sie einer so jungen Wissenschaftsrichtung angehören. In bemerkenswerter Weise tritt hier, bedingt durch die Eigenart der Objekte, ein Streben nach Synthese in den Vordergrund. Es werden nicht mehr, zum Zweck der Analyse, Ganzheiten aufgelöst und hinterher für nichtexistent erklärt, die Tendenz ist vielmehr, in der Fülle der Erscheinungen die übergeordneten Gesetzmäßigkeiten aufzufin-den, die als ordnende Prinzipien die Einzelglieder bestimmen.

Es sei nur an Thienemanns Beispiel des Sees als eines ganzheitlichen Orga-nismus erinnert, der in drei Lebensbezirke gegliedert ist – die Uferregion, das freie Wasser und die Tiefe. Jede dieser Zonen wird von einer Organismengruppe besiedelt, die innerhalb des Ganzen bestimmte Tätigkeiten ausführt, «und wir finden diese Gruppen nicht nur im See, sondern überall auf der Erde wieder».

In der Uferregion ist das Reich der grünen Pflanzen, die durch ihre Fähigkei-ten der Assimilation organische Substanzen aufbauen. Sie sind die *Produzenten,* von denen die *Konsumenten,* die Tiere des freien Wassers, mittel- oder unmittel-bar alle leben, die Pflanzenfresser wie die räuberischen Arten. Sie bauen die aufgenommene organische Substanz auf vielfältige Weise um und teilweise bereits wieder ab. Die hauptsächliche Zersetzung spielt sich jedoch in der Tiefe des Sees ab, wo die zahllosen Mikroorganismen als *Destruenten* «die komplizier-ten organischen Verbindungen wieder in ihre Urbestandteile zerlegen und damit wieder in den großen Kreislauf zurückführen ... Der Kreislauf der Stoffe verbindet alle drei Glieder zu einem Ganzen, das über ihnen steht, dem See». Thienemann kommt zu der bemerkenswerten Formulierung: «Daß schon bei einer so einfachen dreigliedrigen Lebensgemeinschaft Erscheinungen auftreten, die aus den Eigenschaften jedes einzelnen Gliedes nicht verständlich sind, sondern die neue, durch den Zusammenschluß der Glieder bedingte Eigenschaf-ten ... sind, oder, mit anderen Worten, daß solche Gemeinschaft ... eine Ganzheit darstellt, ist gewiß eine recht wesentliche Erkenntnis. Denn wenn schon im denkbar einfachsten Falle aus der Erkenntnis der ganzheitlichen Natur der Biozönose die wesentlichsten Charakterzüge dieser Lebensgemein-schaft erst verständlich werden, um wieviel mehr ist ‹Ganzheitsbetrachtung› des Gefüges und Getriebes der gesamten Lebensgemeinschaften des irdischen Kos-mos notwendig, will man in sein Verständnis immer tiefer eindringen.»

Die Ökologie kommt durch die ihr innewohnende Notwendigkeit zur Syn-these zu ganz anderen Gesichtspunkten als die Ideologie des Darwinismus und Neodarwinismus. Sie zeigt die wechselseitige Verflochtenheit der Organismen innerhalb der Lebensgemeinschaften, sie macht die Existenz von – jetzt nicht mehr nur reinen Zeitgestalten, sondern *Funktionsgestalten* sichtbar, denen sich die einzelnen Lebewesen wie Organe in einem Organismus unterordnen.

Eine solche, den Einzelwesen übergeordnete Funktionsgestalt ist z. B. in den nordischen Waldgebieten verwirklicht, wo eine relativ geringe Menge von Beeren und Insekten als Nahrung für die überwinternden Singvögel ausreichen muß. Die Populationsdichte darf also eine gewisse Höhe nicht überschreiten, sollen nicht durch vorzeitigen Verbrauch die Nahrungsreserven erschöpft und der Hungertod der gesamten Population die Folge sein. Das winterliche Futterangebot ist der Faktor, der die Größe des Vogelbestandes bestimmt – aber nicht erst im kritischen Moment selber, sondern lange vorher, in der Brutzeit im Frühjahr, in der eine viel größere Nahrungsmenge vorliegt (Wynne-Edwards 1962). Diese Regulation muß völlig rätselhaft bleiben, geht man nicht von der Existenz eines raum-zeitlich den Tieren wie ihrer Nahrung übergeordneten «Organismus» aus, der die Beziehungen zwischen beiden Teilen regelt. In einem Organismus wirkt ja auch das zeitlich spätere «voraus» und steuert die Bildung eines Organes in Übereinstimmung mit seiner Aufgabe, die es erst später erfüllen wird – man denke nur an die Entstehung und vollständige Ausbildung der Lunge zu einem Zeitpunkt, an dem noch lange keine Luftatmung möglich ist.

Ein anderes Funktionssystem ist im Tierreich zwischen räuberisch lebenden Arten und ihren Beutetieren verwirklicht. Zwischen beiden besteht ein recht konstantes Verhältnis, bei Warmblütern annähernd 1:100 (Jäger: Beutetiere), bei Wechselwarmen 30 bis 60:100) (Bakker 1975), gleichgültig, ob es sich bei Warmblütern um Löwen und Antilopen oder Wiesel und Mäuse, bei Wechselwarmen um verschiedene Echsen oder um Spinnen und ihre Beute handelt (den Vergleichen liegen nicht Individuenzahlen zugrunde, ein Fuchs muß schließlich mehr kleine Mäuse als große Hasen fressen, um satt zu werden; verglichen wird, worin die vielen Mäuse mit den wenigen Hasen übereinstimmen: im Gewicht oder der Biomasse). Das scheinbar viel ungünstigere Verhältnis bei den Wechselwarmen erklärt sich aus dem viel geringeren Energieumsatz dieser Tiere – sie nehmen in der gleichen Zeit viel weniger Nahrung auf als die Warmblüter.

Beide, die Fleisch- wie die Pflanzenfresser, sind aufeinander angewiesen, wenn auch diese Zusammenhänge im einzelnen erst teilweise aufgeklärt sind. So wissen wir z. B. durch die Untersuchungen von Schaller an Großkatzen in Afrika und Indien, welche Rolle diesen Raubkatzen in der Bestandsregulierung der Weidetiere zukommt. Sie verhindern, daß deren Populationen extremen Schwankungen unterliegen – wie sie bei Übervermehrung und anschließender, durch Überweidung und Ausbreitung von Krankheiten bedingter Verminderung eintreten können. Die wacheren Raubtiere bilden gleichsam den «Formpol» – sie dämmen das Wachstum der Population ein und wirken dadurch begrenzend auf den «Lebenspol», auf die Pflanzenfresser. Man sieht, es ist ebenso falsch wie oberflächlich vermenschlichend, in den Raubtieren die «Feinde» der Pflanzenfresser zu sehen; die Verteufelung der Raubtiere und Greifvögel, die verlogene Heroisierung der Adlerjägerei noch gar nicht so lange zurückliegender Zeiten diente letztlich doch nur zur Legitimierung für die Ausschaltung lästiger Konkurrenten – in erster Linie der Jäger selber.

Jetzt müssen wir uns allerdings hüten, in das Gegenteil Darwins zu verfallen und mit Kropotkin überall nur gegenseitige Hilfe und eitel Frieden zu sehen.

Natürlich gibt es Raub, gibt es den Kampf im Tierreich, und ebenso eindeutig gibt es die Versuche der Beutetiere, sich zu schützen. Wozu hat der Hase seine großartigen Verberge- und Fluchtmöglichkeiten – das reglose Hinkauern bis zur letzten Sekunde, das blitzartige Losschießen und Hakenschlagen und das vorübergehende Zurückkehren auf der eigenen Fährte –, wenn nicht dazu, sein Leben zu retten? Andererseits, und das ist das Vertrackte und scheinbar Widersinnige dabei, gibt es keinen perfekten Schutz, nirgendwo. Schließlich wird doch ab und zu ein Hase vom Fuchs erwischt, und wenn es nicht der Fuchs oder ein großer Greifvogel ist, dann sind es irgendwelche Endoparasiten, denen er zum Opfer fällt. Es «darf» gar keinen perfekten Schutz geben, denn das hätte, wie bereits dargelegt, für die betreffende Tierart selber viel katastrophalere Folgen als für den Jäger, der schließlich auf andere Beute ausweichen kann.

Der Widerspruch löst sich auf, wenn man ihn erkennt als *Antagonismus* von Kräften, die sich nur scheinbar gegenseitig ausschließen, in Wirklichkeit jedoch ergänzen. Antagonismen der einen oder anderen Art sind ja geradezu ein fundamentales Kennzeichen lebender Systeme, so verbreitet sind sie. Beuger und Strecker, wiewohl in ihrer Wirkungsweise entgegengesetzt, blockieren sich nicht, wie jeder weiß, sondern wirken im Wechselspiel und überhöhen so den Antagonismus zum *Synergismus*, zur Zusammenarbeit.

Das Individuum ist ebenfalls dem Wirken antagonistischer Kräfte unterworfen. Einerseits steht es im Dienste der *Erhaltung der eigenen Art* durch die Fortpflanzung und ist mit Organen und Instinkten ausgerüstet, die auf dieses Ziel ausgerichtet sind. Andererseits ist die Nachkommenschaft bei den meisten Arten weitaus größer, als es zur Erhaltung der Art notwendig wäre. Blieben nur alle Jungvögel einiger weniger Brutperioden am Leben, so würden wir in Vögeln ertrinken. Diese Vögel wären tatsächlich völlig überflüssig, fänden sie doch keine freien Brutreviere mehr, um sich fortzupflanzen. Dazu kommt es natürlich nicht – sie werden vom Naturganzen übernommen und *dienen anderen Lebewesen als Nahrung*. Jede Tierart ist in der Höhe ihrer Fortpflanzungsrate auf diese beiden Anforderungen eingerichtet – auf die Sicherung des Fortbestandes der eigenen Art und auf den Beitrag zum Gesamthaushalt der lebenden Natur. Was beim einzelnen Individuum scheinbar zum Widerspruch wird, löst sich auf, wenn wir die Art oder die Population, also die Gesamtheit der Individuen, ansehen: Ein (meist kleinerer) Teil hat der Erhaltung der Art durch Fortpflanzung, ein (meist größerer) der Erhaltung des übergeordneten Naturorganismus zu dienen. Aber auch beim Einzelindividuum sind die beiden Aufgaben zwar nicht völlig, so doch bis zu einem gewissen Grade auf verschiedene Lebensphasen verteilt: der größte Tribut muß von den noch nicht fortpflanzungsfähigen Jungtieren geleistet werden; später, wenn die Organe und die zugehörigen Instinkte gereift sind und sich mit Erfahrungen verbunden haben, ist die Gefahr, gefressen zu werden, sehr viel geringer geworden – hat das Tier seine Jugendzeit überlebt, so ist die Wahrscheinlichkeit, daß es sich auch fortpflanzen kann, recht hoch.

Besonders deutlich wird dieser Beitrag zum Ganzen, wenn wir die Pflanzenwelt ins Auge fassen. Es ist geradezu ein fundamentales Wesensmerkmal der
Pflanzenwelt, daß sie das gesamte Tier- und Menschenreich trägt, ebenso durch
die Fülle organischer Substanz, die von der Pflanze aufgebaut und von Mensch
und Tier übernommen wird, wie durch die Grundprozesse der Nährstoffassimi-
lation, die nur ihr möglich sind. Umgekehrt ist die Pflanze auf die entgegengesetzten, abbauenden Prozesse durch die tierischen Mikroorganismen des
Bodens (allerdings auch der Bakterien) angewiesen. Beide wirken zusammen
und sind, für sich genommen, nur Teile eines höheren Ganzen, beide können
nur zusammen verstanden werden. Es ist deshalb völlig abwegig, wenn von
einem «gnadenlosen Kampf» gesprochen wird, den die Tierwelt gegen das
Pflanzenreich führe, wie in dem seinerzeit sehr verbreiteten Buch von Hesse-
Doflein «Das Tier als Glied des Naturganzen».

Denken wir nur an die Gräser, diese einzigartigen Pflanzen, die in gewaltigen
Reinbeständen auftreten und in ihren Heimatlandschaften ungeheure Mengen
an Nährsubstanz sowohl in ihren Blättern und Halmen wie in ihren Früchten
bilden. Sie boten – im Gegensatz zu den Wäldern, die arm an Ernährungs-
grundlagen sind – den Wildrindern und den Wildpferden die Möglichkeit,
große Herden zu bilden. Beides, die Fülle an Pflanzen und Tieren, gab dem
Menschen die Grundlage für die Entwicklung seiner Kultur. Diese begann ja in
den Steppengebieten, in Graslandschaften, mit Acker-(Getreide-)Bau und Rin-
der- und Pferdehaltung – durchaus nicht etwa in den Wäldern, die immer
kulturfeindlich waren und in denen bis heute Menschengruppen leben, die es
nicht geschafft haben, ihre ersten, einfachen Kulturansätze weiterzuentwickeln.
Die Feststellung ist nicht übertrieben, daß die Entfaltung des Menschen ohne
die Gräser nicht möglich gewesen wäre – man halte sich nur die zentrale Rolle
vor Augen, die in jeder Hochkultur von einer bestimmten Grasart eingenommen
wird, von Weizen, Reis, Mais.

Es war Rudolf Steiner, der 1924 in dem Vortragszyklus, von dem die biologisch-
dynamische Landwirtschaft ihren Ausgang nehmen sollte, zum erstenmal auf
diese Doppelrolle der Organismen – der eigenen Art wie dem Naturganzen zu
dienen – hingewiesen hat. Er nannte diese beiden Funktionen *Reproduktion* und
Nährhaftigkeit. «Zweierlei müssen wir am Pflanzenleben beobachten. Das erste
ist dasjenige, daß sich das ganze Pflanzenwesen und auch die einzelne pflanzliche Art in sich selber erhält, die Reproduktionskraft, die Fortpflanzungskraft
entwickelt, daß also die Pflanze ihresgleichen hervorbringen kann und so weiter.
Das ist das eine. Das andere ist, daß die Pflanze als ein Wesen eines verhältnis-
mäßig niederen Naturreiches den Wesen der höheren Naturreiche zur Nahrung
dient. Diese zwei Strömungen im Werden der Pflanze haben zunächst wenig
miteinander zu tun.» Im weiteren Verlauf zeigt Steiner dann auf, wie diese
beiden Wirksamkeiten Äußerungen spezifischer kosmischer, planetarischer
Qualitäten sind, die sich nicht bloß in der Pflanze spiegeln, sondern auch in

134

bestimmten Mineralien des Bodens «Organe» besitzen. Auf diese Zusammenhänge sei hier nicht näher eingegangen, sie seien nur erwähnt, um die Dimension dieser beiden antagonistischen Kräfte aufzuzeigen – und die Art, wie Steiner das Einzelwesen in der Natur stets als Glied einer höheren organisatorischen Ganzheit darstellt, das nur in seinem Zusammenhang mit diesem übergeordneten Kräfteorganismus verstanden werden kann. Diese Betrachtungsweise befindet sich in voller Übereinstimmung mit ökologischem Denken, führt aber weit darüber hinaus, indem sie nicht nur im Rahmen von Lebensgemeinschaften und Ökosystemen, sondern in kosmischen Dimensionen denkt, in den Dimensionen des eigentlichen Ur-Organismus also, von dem eine Biozönose genauso nur Teil und Abbild ist wie eine einzelne Pflanze, ein Organ, eine Zelle. Andererseits kann Steiner dem Landwirt bis in die täglichen Arbeitsprozesse hinein Ratschläge geben, wie auf den Mineralhaushalt des Bodens Einfluß genommen werden muß oder wie der Saattermin zu wählen ist, soll die eine oder die andere der beiden Komponenten bevorzugt werden.

Uns kommt es in diesem Zusammenhang stärker darauf an, wie Steiner diese beiden divergenten Kräfte, denen jeder Organismus unterworfen ist, in ihren Qualitäten charakterisiert. Er knüpft dabei an Goethes Satz an: «In der Natur lebt alles vom Geben und Nehmen» und kennzeichnet die Pflanze so, daß bei ihr das Geben, beim Tier das Nehmen im Vordergrund stehe. In den beiden Begriffen von Reproduktion und Nährhaftigkeit führt er aber über das Unbestimmte der Goetheschen Formulierung hinaus und gibt uns die Begriffe in die Hand, die geeignet sind, uns auf Zusammenhänge aufmerksam zu machen, für die wir bisher blind waren; die überdies die Basis abgeben könnten für eine veränderte moralisch-ethische Haltung gegenüber der Natur. Sie könnten Ansätze zu einer ökologischen Ethik sein, die nicht mit inhaltlosen Forderungen und Geboten ohne Begründung auftritt (Ehrfurcht vor dem Leben! Gerne, aber bitte: warum?), – eine solche Ethik brauchen wir nicht, wohl aber eine, die auf Einsicht gründet.

Schließlich müssen wir uns ja dann auch fragen, wieweit wir in unserer vielschichtigen Verbundenheit mit der Natur nicht nur Nehmende sind, sondern was unser Beitrag zu ihrem Fortbestand ist – eine Frage, die unter dem Motto des Kampfes ums Dasein gar nicht aufkommen konnte.

Und just hier läge die Aufgabe der Schule, diese Frage in den jungen Menschen wach werden zu lassen – nicht im vordergründigen Sinne, sondern als Ergebnis vertieften Eindringens in die inneren Gesetzmäßigkeiten der Natur und die Verbundenheit der Lebewesen untereinander, – als Frage, die sich mit der moralischen Sensitivität dieses Alters und mit dem der Welt gegenüber erwachenden Tatendrang so stark verbindet, daß sie zur Grundlage des Denkens und Handelns wird.

Dies gilt um so mehr, als sich bei näherem Hinsehen zeigt, daß es sich dabei um eine Erweiterung der Grundaufgabe handelt, die sich jedem Menschen in seinem Verhältnis – jetzt nicht zur Natur, sondern gegenüber seinen Mitmenschen – gegenüber der Gesellschaft stellt. Wieder ist es Rudolf Steiner, der, in ganz anderem Kontext, auf einen Doppelaspekt der sozialen Problematik hinweist, der in unmittelbarem Zusammenhang mit unserem Thema steht. Steiner zeigt, wie der Mensch nicht einfach pauschal als soziales Wesen bezeichnet werden kann, sondern in seiner Natur *eine soziale und eine antisoziale Seite* besitzt. Die «antisozialen Triebe», wie sie Steiner nennt, sind keineswegs etwas moralisch Verwerfliches, sondern notwendige Begleiterscheinungen auf dem Entwicklungswege der Bewußtseinsseele – die Sonderung, Abgrenzung, aber auch die Abwehr, die Auseinandersetzung braucht der Mensch, um zur autonomen Persönlichkeit zu reifen, die ganz auf sich selber steht. Während der antisoziale Trieb mit einer gewissen Eigengesetzlichkeit und drängenden Kraft von selbst auftritt, ist es mit seinem Gegenpart, dem «sozialen Trieb», ganz anders: er muß bewußt gewollt und entwickelt werden. Der Rückzug in die eigene Egoität macht niemandem Mühe, aber die Zuwendung zum anderen Menschen, das aktive Interesse und die tätige Anteilnahme, das Dennoch-Miteinander muß immer wieder neu gewollt werden – «das Soziale muß gepflegt, muß bewußt gepflegt werden. Und das wird in unserem Zeitalter in der Tat immer schwieriger und schwieriger, weil das andere, das Antisoziale, eigentlich das Natürliche ist» (Steiner 1918).

Vor diesem Hintergrund zeigt es sich doch deutlich, daß die Zerstörung der Natur ein Ausfluß der antisozialen Seite unseres Wesens ist. Wenn wir in der Natur nur den Kampf aller gegen alle am Werke sehen und in diesem Kampf rücksichtslos mitmachen, alle Rechte des Stärkeren für uns in Anspruch nehmend, dann besagt das wenig über die in der Natur wirklich waltenden Kräfte, sehr viel jedoch über uns selber. Darwin, erinnern wir uns, übertrug ja ganz bewußt Tendenzen, die er in der menschlichen Gesellschaft fand, auf die Natur.

Ganz anderer Art sind die Entsprechungen, die sich uns jetzt zwischen den Verhältnissen in der belebten Natur mit ihren Organismen und der menschlichen Gesellschaft ergeben. Wir brauchen gar nicht der Gefahr zu verfallen, Begriffe aus dem einen Bereich in den anderen zu übertragen, finden wir doch in beiden auffallend übereinstimmende Antagonismen im Spannungsfeld von Individuum und Gemeinschaft. Hüten müssen wir uns allerdings vor vereinfachendem Schematisieren – wir dürfen nicht übersehen, daß Gleiches in verschiedenen Bereichen unter völlig anderen Vorzeichen auftreten kann: Was in der Natur sozusagen per Gesetzmäßigkeit geregelt ist und dem Individuum gar keine Wahl läßt – es wäre damit auch hoffnungslos überfordert –, muß in der menschlichen Gesellschaft vom einzelnen aus Einsicht vollbracht werden (das Sozialverhalten also durch Vorschriften so zu reglementieren, daß dem Individuum keine Freiheiten bleiben, von sich aus sozial – und antisozial – zu handeln, wäre nicht menschengemäß).

Rudolf Steiner spricht in dem erwähnten Vortrag nur davon, daß die «sozialen Triebe» in der menschlichen Gemeinschaft, in der Gesellschaft ausgebildet werden müßten. Aber es ist wohl selbstverständlich, daß eine solche

Bewußtseins- und Willensschulung nicht auf gewisse Bereiche beschränkt bleiben kann, – wird sie Haltung, Grundgestimmtheit des Menschen, dann wird er sie auch allem entgegenbringen, also nicht nur seinen Mitmenschen, denen er durch seine antisoziale Seite Leid zufügt, sondern auch den Mit-Wesen und Mit-Dingen der Natur, die er ebenso behandelt. *Die soziale Frage, besser: die soziale Aufgabe hat heute eine größere Dimension erhalten; sie umschließt die Tiere und die Pflanzen, die Erde, das Wasser und die Luft genauso wie die Menschen.*

Wie hätte aber nun die Praxis auszusehen – wie kann der Mensch der Natur, von der er so viel entnimmt, etwas geben, wie kann er sich ihr gegenüber nicht nur als Denkend-Erkennender oder in Gefühlen Mitempfindender, sondern als Handelnder sozial verhalten? Gibt es, so müßte vielleicht die Anschlußfrage lauten, etwas Spezifisches, das nur der Mensch der Natur zu geben vermag? Wenn dem so wäre, hieße das nicht, dieses zu erkennen und zu verwirklichen?

Damit haben wir aber, so scheint es, bereits das Besondere, die Art unserer Verpflichtung erfaßt: aus dem Bewußtsein, aus Einsicht heraus frei zu handeln und dadurch etwas in die Natur einzuführen, was es vorher in ihr nicht gab, wo nur die Gesetzmäßigkeit herrschte, der das Individuum, die Art, die Lebensgemeinschaft unterworfen waren, im räumlichen Zusammenleben wie in der zeitlichen Entwicklung. Diese Entwicklung fortzusetzen oder aber, sie liegen und die Natur (und uns mit ihr) zugrunde gehen zu lassen, *ist unserer Freiheit überantwortet.*

Was zu tun wäre, zeigt ein Blick auf unsere bäuerlichen Kulturlandschaften, soweit diese noch einigermaßen erhalten sind, mit ihrer harmonischen Durchdringung von Wiese, Acker und Wald, – eine Landschaft, die vom Menschen geschaffen wurde und sich nur durch seine Pflege erhält (wird sie sich selber überlassen, verwandelt sie sich rasch wieder in die ursprüngliche Waldlandschaft zurück). Hier ist die Evolution doch sichtbar vom Menschen weitergeführt worden, sind Haustiere und Nutzpflanzen und ganze Landschaftsorganismen mit ihren Lebensgemeinschaften entstanden, die es vorher, als der Wald herrschte, nicht gab. Der fundamentale Unterschied zu «natürlichen» Landschaften und Lebensgemeinschaften besteht darin, daß sie geformt und gestaltet sind vom Menschen und nur durch ihn und mit ihm existieren. Seine schöpferische Tätigkeit wirkte auf die Natur so ansteckend, daß eine große Zahl von Tieren und Pflanzen zu Kulturfolgern wurden, und auf den neugeschaffenen Wiesen entstanden neue Pflanzen (Landolt 1970), durch Bastardierung von Arten, die aus anderen Gebieten einwanderten (z. B. unsere Wiesenkabiose *Scabiosa columbaria* aus der südalpinen *Sc. gramuntia* und der montanen *Sc. lucida*).

Wie die Menschen das gemacht haben, wissen wir nicht. Sicherlich sind sie bei ihren Züchtungen nicht nach modernen, genetischen Gesichtspunkten zu Werke gegangen. Daß ihr Bewußtsein jedenfalls ein anderes war als unser heutiges, erhellen die Urkunden dieser Zeit. Im Mittelalter und Spätmittelalter, als unsere mitteleuropäische Kulturlandschaft entstand, wurden noch überall

Naturopfer – Baumopfer, Flußopfer, Quellenopfer – dargebracht (Caminada 1962). Die Kirche kämpfte einen harten Kampf gegen diese Gebräuche (oder annektierte sie), die einen magisch-mythischen Bewußtseinszustand verraten, ein träumendes, instinktives Wissen von Kräften und Wesenheiten der Natur, das uns heute völlig fehlt. Heute ziehen sich die Kulturfolger unter den Wildpflanzen und Tieren wieder zurück und viele ehedem häufige Ackerunkräuter sind bereits große Seltenheiten.

Leider können wir nicht à la Rousseau zurück zu diesen schönen Zeiten. Wir können jedoch die schöpferische Zusammenarbeit mit der Natur wieder aufnehmen, aus neuen Einsichten heraus. Diese Anfänge sind heute in brauchbaren und vielversprechenden theoretischen Ansätzen da in der Ökologie und im praktischen Bereich vor allem in der biologisch-dynamischen Landwirtschaft. Diese Methode versucht, Erkenntnisse, wie wir sie am Beispiel der Begriffe von Reproduktion und Nährhaftigkeit kennengelernt haben, in die Praxis umzusetzen, und sie bemüht sich, einen landwirtschaftlichen Betrieb so zu gestalten, daß in ihm die Fülle der Prozesse zwischen Tieren, Pflanzen und Boden wirklich einen lebendigen, durch die Tätigkeit des Menschen zudem individualisierten, Organismus bilden.

Bis in diese Praxis hinein sollte aber auch der Unterricht in der Schule geführt werden. Die Erarbeitung der Einsichten hat natürlich vorauszugehen oder die Praxis zu begleiten, aber es darf nicht bei der Theorie stehengeblieben werden. Im Lehrplan der Waldorfschulen ist Gartenbau in Form konzentrierter Epochen von der 6. bis zur 10. Klasse veranlagt. Hier wird der pflegende Umgang mit dem Boden, den Pflanzen zur praktischen Erfahrung und, gemäß dem Alter, zum starken emotionalen Erlebnis. Ein zusätzliches landwirtschaftliches Praktikum in den oberen Klassen, wie es von vielen Waldorfschulen durchgeführt wird, ist eine, wie sich gezeigt hat, wertvolle und notwendige Erweiterung – außerhalb der Schule, auf einem richtigen Bauernhof. Es kommt dem starken Bedürfnis vieler Jugendlicher, das als richtig Erkannte in die Tat umzusetzen, entgegen und vermindert die Spannung, unter der mancher Schüler in den oberen Klassen leidet – die Diskrepanz zwischen den Forderungen der Zeit, die ihn rufen, denen er folgen will, und der Abstraktheit und Theorielastigkeit der Schule, die ihm den Eindruck vermittelt, irgendwie am Leben vorbeizutreiben.

Ungefähr seit einem Jahrzehnt zeigt sich in der Jugend nicht nur ein starker Drang nach tätigem sozialem Engagement, sondern auch ein wachsendes Anteilnehmen an der Natur, das über bloßes Interesse und Faszination hinausgeht. Man braucht sich nur einmal die Mitgliederlisten naturwissenschaftlicher Vereine anzusehen: früher dominierten die Honoratioren, heute dagegen gibt die Jugend den Ton an. Junge Leute streben aus der Stadt hinaus in die Landwirtschaft, auf die Bauernhöfe – gewiß mitunter auf der Flucht, aber doch augenscheinlich mit gesundem Instinkt in die richtige Richtung; was sie suchen, ist schließlich die Tätigkeit, die Zusammenarbeit mit der Natur, nicht der schwärmerische Naturgenuß. Groß ist auch der Einsatz im Natur- und Umweltschutz. Junge Wissenschaftler ziehen als Ökologen, als Verhaltensforscher hinaus in alle Welt, um Grundlagen für wirkungsvolleren Schutz bestimmter Tierarten oder für die sinnvolle und erhaltende Nutzung einer Naturlandschaft zu gewinnen. Es ist in der Tat eine *Erweiterung des sozialen Bewußtseins*, was wir heute erleben und was die Natur mit allen ihren Lebewesen einschließt – *das Brüderlichkeit gegenüber der Natur empfindet und in die Tat umsetzen will*. Dieser neue Impuls muß natürlich noch stärker und in seinen Erkenntnisgrundlagen sicherer gegründet werden, soll er sich wirklich in der Menschheit durchsetzen. Hier liegt die Aufgabe der Schule, die sie nicht verpassen darf.

Literatur

BAKKER, R. T. (1975): Dinosaur Renaissance. Scientific American 1975, Heft 4, S. 58–79.
CAMINADA, B. C. (1962): Die verzauberten Täler – Kulte und Bräuche im alten Rätien. 2. Aufl. Olten und Freiburg i. Br.
DARWIN, C. F. (1871): The descent of man, and selection in relation to sex. London.
– (1887): The life and letters of Charles Darwin. London. Hier zitiert nach D. G. Mackae: Darwinism and the social sciences. In: A century of Darwin. Ed. by S. A. Barnett, London 1958, S. 296 (Übers. A. S.).
GÖTTE, F. (1973): Grundriß einer Geschichte der Brüderlichkeit. Zu Fürst Peter Kropotkins «Gegenseitige Hilfe in der Tier- und Menschenwelt», Erziehungskunst 1973, S. 107–118.
HEITLER, W. (1968): Gilt die Gleichung: Leben = Physik + Chemie? Lebendige Erde 1968, Heft 3, S. 110–116. Vergleiche auch die Abschiedsvorlesung Professor Heitlers: Die hierarchische Ordnung der Natur. Scheidewege 4 (1974), Heft 4, S. 564–576.
HESSE, R. und DOFLEIN, F. (1943): Tierbau und Tierleben, 2. Bd.: Das Tier als Glied des Naturganzen. Jena.
KROPOTKIN, P. (1920): Gegenseitige Hilfe in der Tier- und Menschenwelt. Berlin 1975.
LANDOLT, E. (1970): Mitteleuropäische Wiesenpflanzen als hybridogene Abkömmlinge von mittel- und südeuropäischen Gebirgssippen und submediterranen Sippen. Feddes Repertorium 81, 1–5, S. 61–66.
MATILE, P. (1973): Die heutige entscheidende Phase in der biologischen Forschung. Universitas 28, S. 543–558.
REMANE, A. (1971): Sozialleben der Tiere. Stuttgart 1976.
SCHALLER, G. (1967): The deer and the tiger. Chicago.
– (1972): The serengeti lion. Chicago.
STEINER, R. (1918): Soziale und antisoziale Triebe im Menschen. Veröffentlicht in: Die soziale Grundforderung unserer Zeit – In geänderter Zeitlage. Dornach 1963.
– (1924): Geisteswissenschaftliche Grundlagen zum Gedeihen der Landwirtschaft – Landwirtschaftlicher Kursus. 4. Aufl. Dornach 1963.
THIENEMANN, A. F. (1956): Leben und Umwelt – Vom Gesamthaushalt der Natur, S. 54. Hamburg.
WYNNE-EDWARDS, V. C. (1962): Animal dispersion in relation to social behaviour. Edingburgh und London.

Nachweise

BOCKEMÜHL, JOCHEN: Lebensrhythmen im Pflanzen- und Tierreich. Sternkalender 1962/63, Jg. 34, S. 66–71. Dornach 1961.

KUNZE, HENNING: Die Gestaltentstehung bei Pflanze und Tier. Elemente der Naturwissenschaft, Nr. 34, S. 13–22. Dornach 1981.

SCHAD, WOLFGANG: Biologisches Denken. Elemente der Naturwissenschaft, Nr. 5, S. 10–19. Dornach 1966.

– Zum Todesgeschehen in der Natur. Die Drei, Jg. 40, H. 2, S. 66–75. Stuttgart 1970.

– Zum Entwicklungsgang der organischen Eigenwärme. Weleda-Nachrichten, H. 108, S. 5–9. Schwäbisch Gmünd 1972; und: Zur Evolution des Wärmeorganismus. Mitteilung der wissenschaftlichen Mitarbeiter der Weleda AG, Nr. 14. Arlesheim/Schwäbisch Gmünd 1973.

– Vom Naturlaut zum Sprachlaut. Erziehungskunst, Jg. 44, H. 4, S. 214–222. Stuttgart 1980.

– Archäopteryx lithographica – eine Mosaikform? Elemente der Naturwissenschaft, Nr. 32, S. 14–32. Dornach 1980.

SUCHANTKE, ANDREAS: Die Metamorphose bei Blütenpflanze und Schmetterling. Elemente der Naturwissenschaft, Nr. 4, S. 1–7. Dornach 1966.

– Skizzen zu einer ökologischen Ethik. Erziehungskunst, Jg. 39, H. 11, S. 561–570; und H. 12, S. 628–633. Stuttgart 1975.

TITTMANN, WOLFGANG: Das Wachstumsauge der Pflanze als Bild der stammesgeschichtlichen Stellung des Menschen. Erziehungskunst, Jg. 25, H. 9, S. 279–285. Stuttgart 1961.

ZICKWOLFF, GUNTHER: Gevatter Tod. Ein Beitrag zum Biologie-Unterricht der 11. Klasse. Erziehungskunst, Jg. 38, H. 11, S. 497–501. Stuttgart 1974.

Goetheanistische Naturwissenschaft

Band 1: ALLGEMEINE BIOLOGIE

Biologisches Denken (Wolfgang Schad) / Lebensrhythmen im Pflanzen- und Tierreich (Jochen Bockemühl) / Die Gestaltentstehung bei Pflanze und Tier (Henning Kunze) / Die Metamorphose bei Blütenpflanze und Schmetterling (Andreas Suchantke) / Archäopteryx lithographica – eine Mosaikform? (Wolfgang Schad) / Das Wachstumsauge der Pflanze als Bild der stammesgeschichtlichen Stellung des Menschen (Wolfgang Tittmann) / Der Entwicklungsgang zur organischen Eigenwärme (Wolfgang Schad) / Vom Naturlaut zum Sprachlaut (Wolfgang Schad) / Leben und Bewußtsein – die Bedeutung der Absterbevorgänge im Organismus (Gunther Zickwolff) / Zum Todesgeschehen in der Natur (Wolfgang Schad) / Skizzen zu einer ökologischen Ethik (Andreas Suchantke).

Band 2: BOTANIK

Der Pflanzentypus als Bewegungsgestalt (Jochen Bockemühl) / Bildebewegungen im Laubblattbereich höherer Pflanzen (Jochen Bockemühl) / Äußerungen des Zeitleibes in den Bildebewegungen der Pflanze (Jochen Bockemühl) / Die Zeitgestalt der Pflanze (Andreas Suchantke) / Über einige Gesetzmäßigkeiten in der Pflanzenbildung – Zum Verständnis des Keimblattes (Thomas Göbel) / Die Bedeutung des Blühimpulses für die Metamorphose der Pflanze im Jahreslauf (Robert Bünsow) / Die Metamorphose der Blüte (Thomas Göbel) / Staubblatt und Fruchtblatt (Jochen Bockemühl) / Vergleichende Studien im Bereich der Lippenblütler (Roland Schaette) / Lärche und Eiche und ihre Beziehung zum menschlichen Organismus (Hans Krüger) / Zur Biologie der Gestalt der mitteleuropäischen buchenverwandten und ahornartigen Bäume (Wolfgang Schad) / Über die Integration der Mistel in die Baumgestalt der Kiefer (Thomas Göbel) / Die Bildung der Pflanzenqualität als Ergebnis der Wirkungen von Erde und Sonne (Wolfgang Schaumann) / Niedermoor und Hochmoor, ein goetheanistischer Ansatz zur Landschaftskunde (Wolfgang Schad).

Band 3: ZOOLOGIE

Arterhaltung und Individualisierung in der Tierreihe (Friedrich A. Kipp) / Konvergente Evolution des Skeletts in verschiedenen Tiergruppen (Andreas Suchantke) / Vom Leben im Lichtraum (Wolfgang Schad) / Naturbilder menschlicher Gestaltungskräfte. Tintenfisch, Schnecke und Muschel (Thomas Göbel) / Die Buckelzirpen (Membracidae) und die Formensprache der Insekten (Andreas Suchantke) / Biotoptracht und Mimikry bei afrikanischen Tagfaltern (Andreas Suchantke) / Biotoptracht bei südamerikanischen Schmetterlingen (Andreas Suchantke) / Über die Pfahlstellung der Rohrdommeln und verwandte Erscheinungen (Friedrich A. Kipp) / Das Kompensationsprinzip in der Brutbiologie der Vögel (Friedrich A. Kipp) / Was spricht sich in den Prachtkleidern der Vögel aus? (Andreas Suchantke) / Über den Vogelzug (Friedrich A. Kipp) / Bezahnung und Bildungsidee des Organismus (Friedrich A. Kipp).

Band 4: ANTHROPOLOGIE

Stauphänomene am menschlichen Knochenbau (Wolfgang Schad) / Indizien für die Sprachfähigkeit fossiler Menschen (Friedrich A. Kipp) / Das Ohr als Abbild des dreigliedrigen Organismus (Paul Paede) / Die Ohrorganisation (Wolfgang Schad) / Dynamische Morphologie von Herz und Kreislauf (Wolfgang Schad) / Das Urtümliche im Menschen gegenüber dem Tier (Andreas Suchantke) / Das Kind im Sog der Zivilisation (Wolfgang Schad) / Die menschliche Knochenbildung (Matthias Woernle).

VERLAG FREIES GEISTESLEBEN

Schriften des frühen Goetheanismus

WILHELM HEINRICH PREUSS: Geist und Stoff

Erläuterungen des Verhältnisses zwischen Welt und Mensch nach dem Zeugnis der Organismen.
Mit den Frühschriften und Texten aus dem Nachlaß.
Herausgegeben von Renate Riemeck und Wolfgang Schad. 333 Seiten.

ERNST VON FEUCHTERSLEBEN: Zur Diätetik der Seele

Mit einem Aufsatz «Über die Frage vom Humanismus und Realismus als Bildungsprinzip» und einer autobiographischen Skizze.
Mit einer Einleitung von Renate Riemeck und einem Aufsatz von Karl König.
240 Seiten.

JOSEPH ENNEMOSER: Untersuchungen über den Ursprung und das Wesen der menschlichen Seele

Mit dem Fragment «Mein Leben».
Herausgegeben von Karl Boegner und Renate Riemeck. 197 Seiten.

JOHANN CARL PASSAVANT: Von der Freiheit des Willens

Und andere Schriften

Herausgegeben und mit einleitenden Beiträgen versehen von Renate Riemeck.
242 Seiten.

KARL SNELL: Die Schöpfung des Menschen · Vorlesungen über die Abstammung des Menschen

Herausgegeben von Friedrich A. Kipp. 229 Seiten.

In Vorbereitung

KARL ERNST VON BAER: Schriften zum Entwicklungsbegriff in der Naturwissenschaft

Herausgegeben von Karl Boegner.

CARL GUSTAV CARUS: Zwölf Briefe über das Erdleben

Herausgegeben von Ekkehard Meffert.

VERLAG FREIES GEISTESLEBEN

Zur Phänomenologie der Natur

Erscheinungsformen des Ätherischen

Wege zum Erfahren des Lebendigen in Natur und Mensch. Herausgegeben von
JOCHEN BOCKEMÜHL (Beiträge zur Anthroposophie Bd. I, 1977)
218 Seiten mit 20 z. T. farbigen Tafeln und 27 Abbildungen im Text, kartoniert.

Die Pflanze in Raum und Gegenraum

Elemente einer neuen Morphologie. Von GEORG ADAMS und OLIVE WHICHER
260 Seiten, mit 16 Farbtafeln, zahlreichen schwarzweißen Abbildungen, Leinen.

Die Formensprache der Pflanze

Beiträge zu einer kosmologischen Botanik. Von E. M. KRANICH
2. erweiterte Auflage 1979. 208 Seiten mit 72 Abbildungen, kartoniert.

Säugetiere und Mensch

Zur Gestaltbiologie vom Gesichtspunkt der Dreigliederung.
Von WOLFGANG SCHAD
296 Seiten, 95 Zeichnungen, 160 Abbildungen auf Tafeln, Leinen.

Metamorphose im Insektenreich

Beitrag zu einem Kapitel Tierwesenskunde. Von ANDREAS SUCHANTKE
80 Seiten mit zahlreichen Abbildungen, kartoniert.

Die Evolution des Menschen

im Hinblick auf seine lange Jugendzeit. Von FRIEDRICH A. KIPP
118 Seiten mit 35 Abbildungen, kartoniert.

Sonnensavannen und Nebelwälder

Pflanzen, Tiere und Menschen in Ostafrika. Von ANDREAS SUCHANTKE
280 Seiten mit 150 Zeichnungen, Leinen.

Mensch und Landschaft Afrikas

Zur Ökogeographie, Biologie und Völkerkunde.
Von JOCHEN BOCKEMÜHL, ANDREAS SUCHANTKE, WOLFGANG SCHAD
228 Seiten, mit zahlreichen, z. T. farbigen Abbildungen, Leinen.

Feuer-Erde

Von Australiens Vögeln, Blumenheiden und Feuerwäldern. Eine Naturkunde
Australiens. Von THOMAS GÖBEL
282 Seiten mit 50 farbigen Abbildungen und 85 z. T. ganzseitigen Zeichn., Leinen.

Der Kontinent der Kolibris

Landschaften und Lebensformen in den Tropen Südamerikas.
Von ANDREAS SUCHANTKE
444 Seiten mit 265 Zeichnungen des Autors und 32 Farbtafeln, Leinen.

VERLAG FREIES GEISTESLEBEN